竹田日恵

砂漠に雨を降らせよう

◎◎公害なき世界への転換◎◎

金子 茂

明窓出版

はしがき

有史以来人類は宗教と学問の偽りによって、太古に栄えた幾千億万年にわたる悠久の歴史と宇宙全般に及ぶ膨大な知識をことごとく忘れてしまった。

残念ながら現代人の持っているものは、わずか四、五千年来の人類闘争の歴史と二、三百年来の急激に発達した科学知識が主体で、人間生存に必要な正しい知識は見当たらない。

周知のごとく、宗教と学問の知識によって「人間は何のために生まれ、人間が何のために生き、人間が何のために死ぬのか」何一つ現代人に納得の出来る説明が得られないのである。

現代の人間は、不幸にして闘争だけが人間の生存様式となり、地球上に住む動物と同じく、生存闘争の果てに死滅するという偽りの理論を信ずる以外に道がなくなってしまった。

そのため、宗教家は世界の終末と新しい神の国を夢見て人類の滅亡を待っている。科学者は地球の破滅を見越して他の天体惑星に逃避することを夢見ている様だ。

そして宗教と科学に命を託している者以外は、ハルマゲドンに一末の不安を抱きながら日々の闘争にあえいでいて、人間が何のために働いているのか考えるすべもない。

この様な時代に不満のはけ口を求める者は、金もうけか冒険に命をかけ、あるいは堕落と犯罪に身を持ちくずす。

「正直者が馬鹿を見る」というのは闘争社会特有の現象であるが、今日では親子夫婦兄弟といえどもお互いに信じ合うことが出来なくなってしまった。

もし今日の不幸な人類に導いたものが宗教と学問であるとするならば、一体宗教と学問の本来の目的は何であったのか。我々は冷静に検討をして見る必要があるのではないか。

不思議なことに、人類はこれまで宗教と学問の発生理由を考える時、太古の世界が未開で人類の祖先達は無知蒙昧であったからと憶測していた。

しかもその様に始めから教え込まれているため、それが果たして事実であったかどうか考えようともしなかったのである。

ところが一九九二年（平成四年）、人類を三千数百年にわたって陰から支配してきた巨大な魔術力が消滅したため、これまで人類を不幸に導いてきた宗教と学問の実体がことごとく白日の下にさらされる様になった。

後章で説明する様に、宗教と学問は魔術力の操る道具であって、人間の慢心が魔術力を呼び寄せたのである。

わかりやすくいうと、魔術力は「地の神」の働きで慢心のある人間に宗教または学問を与えて、動物の闘争社会に隷属させるものであった。

事実、人類は「地の神」の持つ不可思議なマインドコントロールに惑わされ、とんでもない道に引きずり込まれていることが分かってきた。

大体、宗教は太古人類の始祖を原罪の持ち主と定め、全祖先達を罪深き者として人間そのものを侮蔑することが教えの根本となっている。

そのため、宗教にとって異教徒を殺すことは「神」に対する最も神聖な行為とされ、宗教が発生してから物質万能の世界文化を誇る今日に至ってもその本質は少しも変わっていない。

なお、宗教上神とは地の神のことであり、神道の神とは、祖先の敬称であった。

また学問は人類の始祖を猿から進化したものと定め、太古の祖先はすべて無知蒙昧な猿の一種であったから、現人類も動物と同類であると強調する。

したがって、学問は人間感情を無視した理論理屈だけの物質世界を説き、人間の持つ霊性を否定してこれを物質に定めてしまった。

人間無視の学問が原水爆の発明と地球環境の破壊を産み出したのは、極めて当然のことといわねばならない。

勿論、この様な人間侮蔑と霊性無視の考えが根本になければ、宗教の発達も学問の進歩もないのであるから、人類の祖先を冒涜することは宗教と学問にとって絶対必要な条件であった。

それでは、どうして人類を不幸に導いて来た宗教と学問がこの地球上に蔓延したのか、その原因を究明して太古以来の人間本来の生き方を明らかにしたいと思う。

本書の参考資料は『竹田文書』に負うところが多いが、これまでの研究書は解説にばらつきがあるため、執筆に際しては原文をもとにわたくし竹田が文学考古会を代表し、自らの責任において判断・解説するものとさせていただいた。

零戦《ぜろせん》とスコール

太平洋戦時、私は零戦や紫電改《しでんかい》の戦闘機を操縦してジャワ、バリ島東チモール、スマトラ、ボルネオ、ニューギニアのラバウル、フィリピンのミンダナオ島、セブ島、マニラなど各地の上空で、グラマンと交戦したのである。

空中戦は常に三機一体の編成をとり、一番機（小隊長）の零戦を中心に一体不離となって闘ったから敵機にやられるすきが無かったのであろう。

戦闘中は常に死と隣り合わせでありながら私には全く恐怖心がなく、無我夢中になり得る喜びする感じられたのである。

恐らく滅私奉公の決意が、自在に零戦を操っていたからであろうが、今から考えて見ると、飛行隊長を中心にして命ぜられるままに無心となり、一番機の手足のごとく動いていたからであることが分かる。

直接の上官からの命令は、天皇の命令と信じて行動すれば、必ずこれに宇宙の中心天皇の御神気が降り、自己に無限の力が授かることを悟ったのである。

勿論、人間不信の現代といえども、自己の直接の上官（上司）に対してこれを宇宙の中心としての天皇の顕現と信ずれば、必ず上官と自分との間に天皇の御神気が下り、無限の能力が備わるであろう。

戦後五十五年を経て日本人が最も大切にしていた〝長上を敬う心〟を失ってしまったが、私が再び目覚めることが出来たのは、戦時中よく脳裏に刻みつけられたスコールの思い出が導いてくれたからだと思う。

現代日本の若い人にとってスコールという言葉は聞かれないだろうが、これは気象用語の一つで、私の場合は赤道無風帯に起きるわずか数分間の突風で、ものすごい音を立てて強い風が吹きまくる状態をいう。

私は戦場を楽天地と感じた過去の思い出が、スコールの印象と共によみがえってくるのである。

スコールは熱帯地方に限ったわけではないが、私の体験したスコールは驟雨のみであり雷はなかった。

わずか数分間であるが、どしゃぶりの雨が降り続き、後はさっと晴れ上がって元の暑い炎天に返る。

この様な数分間の驟雨が毎日午後必ず起きるので、スコールの印象は忘れ難い。

私はスコールの時よく上空を飛んでいた。スコールの起きる頃になると眼下にはたちまち積乱雲がむらがり起こり雲海の下はどしゃぶりの雨になる。

零戦は上空三〇〇〇メートルから三五〇〇メートルに上昇すると酸素が希薄となるためマスクをつけるが、私は眼下の雲海を眺めながら天空を飛ぶ爽快感を味わうことにしていた。もしこの零戦が積乱雲の中に巻き込まれたら普通であればくるくる舞をしながら失速墜落するに違いない。

私はあえて経験のため乱雲の中に突っ込んで見たが、丁度ガソリンスタンドで洗車をしている様なものだった。

この時、操縦桿を手放し、颱風の荒れ狂うままに任せておいたが、零戦は回転しながらもただよっている。

やがて数分も経てば晴天となるので、頃を見計らって間髪を入れず操縦桿を握るのであった。

この時の愉快さは未だに忘れることが出来ない。

下界は四十度以上の灼熱の地獄だ。スコールの時は住民にとって一時の楽しみとなり、身体を洗っている者も多い。

ここ雲海の上は暑さを知らない極楽だ。もっと上、五〇〇〇メートル上空に至れば零下二〇度以下の冷たさとなる。

雲海を眺めながら上空の澄み切った大気の中で自由に飛び去って行く私にとって、戦地といえども大空は天国の様な心地がするのだ。

一度空中戦ともなればこの身は飛行隊長の手足となって働き、その間に一点の不安もない。そんな私にとって戦場を楽天地と感じた過去の想い出が、スコールの印象と共によみがえってくるのである。

平成十二年十二月吉日

竹田日恵

砂漠に雨を降らせよう——公害なき世界への転換——　目次

第二章　公害を生かす

第三章　公害の一つ自然破壊を救う

第四章　砂漠に雨を降らす逆転発想

第五章　公害なき世界への転換

第一章　公害はフリーメーソンの謀略であった

一、ただ恐怖心をつのらせるだけの公害問題

地球という大きな動物がいる。

この動物はいつも体を水面に出しているが、水気を失い体が乾くと毛が抜けてしまう。毛がなくなると地球という動物は生きられない。大きな体ではあるが昔は全身に深い緑の毛が覆っていた。しかし今では地肌の露出している部分が多くなっていて見るもいたましい。

この動物には極めて小さな人間という吸血虫が取り付き、年々繁殖に繁殖を重ね皮膚のいたる所に巣くっている。

この人間は、本来の人間と異なって恩情に報いることを知らないから、自分の欲望にまかせて所嫌わず毛をむしり取り食い荒らす。

毛肌は荒廃し、毛のむしり取られた所は再び蘇生することはない。

また、この吸血虫は文明という道具を使って、この動物の体内奥深くから大量の血を吸い取る。体内の血がなくなった所から肉体の機能が失われ、やがてこの動物は死滅するだろう。血とは地球上の水分に相当するから、この地球に水分が十分に存在する限り滅亡することはあり得ない。

戦後、砂漠化、森林の破壊、地球温暖化、環境汚染、等々年と共に新しい公害問題が叫ばれ、世界のマスコミは盛んに人類の不安をかき立てている。

ところが生態系の均衡破壊についてはすでに一八六六年頃から知られ、ドイツの生物学者エルンスト・ヘッケルによって、エコロジーという言葉が作られていた。

人類は今から百年以上も昔から公害の知識を持ちながら、ただ、地球破壊の危険を宣伝するばかりで、何一つ具体的対策を講じてこなかったのは如何なるわけであろうか。

ようやく、一九九二年（平成四年）六月になって、ブラジルのリオデジャネイロで地球サミットが開かれ、『世界の今後の環境保全の在り方を指し示す原則』が示されたのである。

地球サミットというのは、環境と開発に関する国連会議のことで、国連が世界各国や産業団体、市民団体などを招集して催した、大規模な国際会議となった。

リオデジャネイロで開かれた時は、世界一八〇ヶ国の代表が参加し、首脳級の参加者だけでも一〇〇ヶ国を超えたという。

しかしながら、地球という大きな動物はすでに重体にひんし、吸血虫も、初めて自分を生かしている生活の基盤が危うくなったことに気づいたというところである。

これでは余りにも遅かったが、これには、一般人類の知らない恐るべき世界計画が秘められていたことを明らかにしておかなければならない。

フリーメーソンの世界征服計画について、日本人以外の全世界の人々から心配されていたが、特に十八世紀以来の啓蒙思想によって自由平等の旋風が吹き荒れ、人類は滅亡の一途を歩まされて来た。

フランス革命からソ連消滅に至るまでのすべての戦争・内乱・革命は、フリーメーソン魔術力の指導によるもので、日本乗っ取りと第三次世界大戦を起こす寸前に魔術力が消滅したから、フリーメーソンの世界征服は実現しなかったのである。

それまで公害問題は常識的に叫ばれていても、世界政策の必要から人類をただ恐怖におとし入れるだけで、実際の処置は取らせないのが方針であった。

日本は、残念ながら政府自体がフリーメーソンの指導の下にあって、その災いを認識していなかったから、平成四年の地球サミットに膨大な資金を要求されながら首相は出席出来ず、会議に対して強い存在感を示すことが出来なかったという。

戦後、日本は全世界に多くの献金をしても軽蔑され通して来たのは世界の中で日本人ほどフリーメーソンに無関心な民族はなかったからである。

日本は世界からフリーメーソンの操り人形ぐらいにしか認められず、本来は兄弟である韓国や北朝鮮からも軽蔑されていた。

二、フリーメーソンは百年も前から公害を知っていた

地球上に「水」が失われ日照りが続いて、世界的に砂漠が多くなると共に動植物が減少し、生態系のバランスが著しく崩れてきた。

地球環境、自然の「復元」が不可能となる日が目の前に近づいている。

私はこのことを思うと日々いたたまれぬのだが、徒手空拳、ただ「地球が危ない。今なら間にあう。人類よ目を開け」と叫んで見たところで、所詮はとうろうの斧の虚しさを感ずる。

そこで私は、公害の恐ろしさとこの対策を延べる前に、公害はどうして起きるのかその原因から明らかにする必要があると思う。

人類の危機を訴え公害を除くことがいかに大切なことであるかを強調したところで、自由平等にどっぷりと身も心もひたっている今日、自ら好んで公害に取り組もうとする人間は居らない。

闘争しなければ生きることの出来ない現代人は、明日のことより今日只今《こんにち》の勝利が不可欠であって公害に苦しむ人間は敗者として葬り去ればよい。

「どうせ人間は一度の人生だから、地球が滅びようが後世の人間が苦しもうが、自分にとっ

て関係がないのである」というのが現代人の本音であろう。

大体、公害の元凶は大量生産と大量消費にあるのだから、その国の経済が発展することと公害とは不可分の関係にある。故に今日の生存競争の激しい時代は、公害をなくすることは全く不可能であるといわねばならない。

この意味で、人間の生存競争を強要した自由と平等の思想は、公害を生み出す真の悪魔といえよう。

一九〇一年初めて手に入れたという、フリーメーソンの作った「シオン賢哲の議事禄」は、生態系の均衡の破壊（環境破壊）の知識が発表されてわずか三十五年後に出されている。生態系の破壊にともなう人類滅亡の危機は、フリーメーソンにとって百年以上も前から知られていたものといわねばならない。

「シオン賢哲の議事録」に次の通り延べている。

「非ユダヤ人（ユダヤ人以外の世界人類）の脳裏から神霊の観念を奪い取り、その代わりに個人主義的打算的利欲と肉体的享楽主義的欲求とを植え付けねばならぬ」

これは、人類の頭脳から人間生存の根本である霊的働きを否定して、合理的な利己主義と肉体的な享楽主義を植えつけ、人間を獣化するということである。

また、次の通り人間の堕落による公害を予見していた。

「彼等の心を商業と工業方面に向けねばならぬ。

かくすれば各国の非ユダヤ人等は眼中に国家社会なく、唯々自己の利得のみを追い、利害戦に夢中になって、自己の共同の敵（フリーメーソン）に気付かなくなるであろう。なお、自由が徹底的に非ユダヤ人社会を破壊し滅亡させる為に、工業を投機の基礎の上に据えて置かねばならぬ。

かくなると、工業が地上から取得した物のことごとくを手中に握って居る事が出来ぬから、結局投機家の手に移る。

授言すれば、われわれ（ユダヤ人）の金庫の中に流れ込んで来る。

優越を得んがための極度に緊張した闘争と経済生活に対する刺激とは、絶望的なしかも悲惨極まる冷酷な社会を実現するであろう。否な既に実現したのである。」

かつて、全世界の人はフリーメーソンの指導に踊らされて金銭の奴隷と化し、商工業特に投機による利得を夢見て、自分等の富をことごとくフリーメーソンの手中にゆだねてしまったのである。

しかも生存競争による激しい闘争と、経済生活に対する極度の要求は、世界戦争あるいは生態系の破壊により人類滅亡の悲惨事を招来するだろうというのである。

「絶望的なしかも悲惨極まる冷酷な社会が既に実現した」というのは、その頃欧来の先進国では資本主義が高度に発達し、少数の大資本が国の経済を支配して、重工業のために生態系の破壊がはじまっていたことをいう。

故に、フリーメーソンは当時から世界戦争と公害を利用して、世界支配の切り札にしようと考えていた。

今やよく知られているノストラダムスの予言とは、フリーメーソンの演出にすぎない。

そして、フリーメーソンは来るべき時、戦争と公害による人類の滅亡を予見しながらも、あえて世界を大資本主義経済に向かわせ、大量生産と大量消費の文化を促進したのである。

公害は、フリーメーソンが計画的に生み出した世界征服のための手段であるから、フリーメーソンの思想を知りその対策を考えるのでなくては、すべてが見当はずれの結果に終わってしまうだろう。

三、世界征服に利用された公害

敗戦後、日本人は過去の習慣でも最も大切な恩義に報ゆる考え方を嫌い、自分の欲することを自由に振舞うことが流行した。

それでは自由に振舞うというのはどうゆうことか。

恐らく、自分の直感から得たことが自分にとって最も好ましい考え方と信じ、他人の迷惑をも顧みず自分の思い通りに行動することであろう。

しかもその直感は、自己中心の潜在意識または他からのマインドコントロールによるから、必ず他人との摩擦を引き起こす。

現代のほとんどの日本人に見られる、国家に対する反抗、社会への不満、師弟の反目、親子断絶、夫婦対立、男女平等（フリーメーソンの指導による）等々のすべては、自己の直感が周囲の状況に合わぬからで、お互いの闘争心が和合を不可能にするのである。

これらは、恩になったら恩に報ゆるという、太古以来の鉄則を捨てたところから生ずる必然の現象で、合理主義が生んだ霊魂否定の思想が、人間の潜在意識までも狂わせてしまった。

今日先進国の個人個人のほとんどが孤独に悩むのは、長上を敬い人に譲るという、昔からの習慣を破った当然の結果である。

まして、霊魂の存在を否定した偽りの合理主義は、人類存続のための最大のガンであろう。また合理主義から生れた霊魂否定の科学は、フリーメーソンが、人類を改革して人間ロボットの奴隷世界を作るために案出したもので、始めから偽りを承知の上で世に広めたものである。

「シオン賢哲の議事録」には次の通り記されていた。

「肝要なのは科学の命令（理論）だとして、われわれが彼等（ユダヤ人以外の人類）に吹込んで置いたものが、彼等のために最も重大なる役割を演じて居ればよいのである。

この目的のために、我々は終始われわれの新聞雑誌（マスコミ全体）を利用して、この命令に対する盲目的信用を鼓吹する。

非ユダヤ人中の知識階級は、自己の知識を誇りとして『科学から』得た知識を巧妙に実現しようとするのであろうが、しかもそれの知識を論理的に吟味もせず、またその知識なるものが、人間をわれわれに必要な方向に教育するため、我々の密使（フリーメーソン系の学者）によって作り上げられたものであることには気がつかないのである。

我々の主張を根拠のなきものと思ってはいけない。

我々が仕組んだ所の、ダーウイン、マルクス、ニーチエの教説の成功に注意なさるがよろしい。

非ユダヤ人の人心に及ぼしたこれ等の教説の破壊的作用は、少くとも我々には明白になっていなくてはならない」

この様に霊魂を否定した偽りの科学とは、フリーメーソンが世界征服目的達成のため人類に与えた道具で、決して人類の幸福を目的にしたものではない。

故に人類は、人間の当然踏み行うべき恩になったら恩に報いる道を否定して、偽りの科学を発達させれば発達させる程民族間の格差が増大し、一民族の間でも貧富の差がかけはなれ、人間同士の対立抗争は激化する一方である。

かつてアインシュタインは、無差別大量殺人の原爆の使用について大統領に進言したが、被爆の災害が余りにも大きいのに驚いて、原爆の使用をすすめたことに悩み苦しんだという。

そして人類が原爆の恐怖から免れるためには、どうしても世界が一つになって世界連邦国家を作らねばならぬと強調した。

勿論アインシュタインはフリーメーソンの最高賢者の一人で、しかも本人自身魔術を使っていたというから、フリーメーソンの世界統一のために原爆を利用したといって過言ではない。

以上の様に、人間の霊魂を否定して恩になったら恩に報いる道を無視した合理主義は、偽りの科学を作り出すことによって、人類の滅亡とフリーメーソンによる世界の統一を目指していた。

すなわち、フリーメーソンは合理主義によって人間の心を狂わせ、科学の発達によって、原爆その他人間に災害をもたらすすべての公害を作り出す様に導いてきたのである。

故に地球上の公害を無くしたいと思う時は、それよりも先に、霊魂を否定する合理主義の科学という公害を生み出す元凶をはっきりと認識しなければならない。

また、合理主義そのものは人間の理屈からでっち上げた思想で、人間が太古以来遵守して来た恩になったら恩に報いるという自然感情に対して、これに矛盾を感じさせるために合理主義が生まれた。

故に合理主義は、人類をして、霊的につながる祖先や国の平和統一を願って来た先人達に対する恩情を断ち切り、新しいフリーメーソン魔術力によって統一するため、霊魂の存在を否定する必要があったのである。

今日、人類が物質万能、金権崇拝の下あらゆる公害に苦しんでいるのは、人間本来の霊魂を否定して、合理主義の原則である自由平等の思想に踊らされているからであるといって間違いはない。

実に公害の究極の原因は、人間が自ら恩になったら恩に報いるという自然の大道を放棄した、自己中心の欲望にある。

四、公害を生み出す合理的科学思想

公害は、大量生産と大量消費の時代に必然的に起きる自然現象である。

しかしこの大量生産と大量消費を極度に発展させ、産業革命以来、重工業によって世界の富を手に入れたのがフリーメーソン秘密結社員の資産家であった。

「シオン賢哲の議事録」は次の通り言っている。

「由来、労働者の労役を利用してこれを自己の権利と認めていた貴族は、労働者が衣食足り健康頑丈ならんことを慮かった。

しかしわれわれは、それと反対に非ユダヤ人の衰頽を謀るものである。

我々の権力は、労働者の慢性的栄養不良と体質虚弱とにある。

如何となれば、これによって彼等をわれわれの意志に従はしむるもので、彼等は、自己の力をもってわれわれに反抗すべき力も精力も見出すことが出来ぬからである。……われわれは、生活難とこれより生ずる嫉妬憎悪の念とを利用して群衆を動かし、その手をかりて、われわれの進む道をさえぎる者を撲滅するのである」と。

これを考えても分かる様に、重工業から排出される有害物資によって、下層階級が病気で倒れるのは、フリーメーソンにとって望むところであった。

故にフリーメーソンが長らくの間、公害について口にさせなかったのは、彼等の戦術上禁句であったからといえよう。

また「シオン賢哲議事録」には、フリーメーソンが人類一般に示す偽りの科学と、彼等の真実の科学について次の通り記している。これは公害というものの本質を知る上で、極めて大切であるから詳述したいと思う。

「非ユダヤ人は、われわれの科学的助言なしに物を考えることが出来なくなっている。そのため、われわれの世界支配が達成された時、われわれにとって是が非でも確保しなければならない本当の科学があることを知る力がない。

小学校においては唯一の真実の科学、何よりも重要な科学、換言すれば人生の機構すなわち分業を要求し、その結果として人間が階級、または身分に分類することを強制するような、社会生活の機構に関する科学を教授しなくてはならない。

また、何人の頭にも必ずたたみ込まねばならないのは、人間の目的がそれぞれ異なるが故に、人間の平等などは決して存在し得ないということで、法律に対しても人によって其の責任が一様でない。すなわちその行動によって全階級の名誉をそこなう者と、これによって、唯自分の名誉を傷つける外何人にも損害を及ぼさない者とでは、その責任も違って来なければならないという事である………

科学が現状のごとくであり（現実に一般人類に与えている通りの偽りの科学）、またそれがわれわれが与えた方向を辿っているので、無智単純な人民は盲目的に印刷物を信じ、また自己に教えそそのかされた迷論を信ずるのみで、各階級の価値を解しないため、自己の上にあると思われるすべての階級に対して、極度な憎悪と敵慨心とを抱くのである」と。

そして、現実に一般人類に与えている偽りの科学とは、真実の科学に対して全く逆様の科学であった。

これを雄弁に物語っているものは、ワイスハウプトの示した世界征服計画の基本的な六つの命題である。

1、あらゆる秩序ある政体の廃止
2、相続の廃止
3、私有財産の廃止
4、愛国心の廃棄

5、家族の廃止
6、宗教の廃棄

これは世界革命というよりは世界の破棄であるが、これがロシアで適用され共産主義の六大基本原則となった。

平成三年ソ聯が消滅して、その後に、収拾することの出来ないまでの広範囲な公害の跡が発見されたのはフリーメーソンの予定計画で、公害は、世界破壊のために偽りの科学を行った産物に過ぎない。

この様にして、世界革命のための合理的科学思想は、地球上の自然公害だけでなく、人類生存上のあらゆる方面にわたり、世界国家社会家庭個人のすべてに浸透している。

敗戦後、世界的に地球環境の公害がやかましく叫ばれながら、一向に具体的対策が講じられていなかったのは、人類に対し、生存上の最も重要な公害問題から目をそらさせるためであった。

「シオン賢哲の議事録」は言う。

「非ユダヤ人を欺かんがため虚偽の国家論を考案して、うまずたゆまずそれを彼等に吹き込み、寸時も彼等にその裏面を察知する餘裕を与えなかった。

かくのごときやり方をした理由は、われわれが国家崩壊、世界革命の宿望を達する上において、世界各国に散在しているわれわれユダヤ民族の力では真直ぐに世界革命の道を進むことが出来ないので廻り道を選んだのである。

これがすなわち、われわれがマッソン（フリーメーソン）秘密結社を組織した所以である。

この結社の存立もその目的も、非ユダヤ人の畜生は全然知らない。……

神は、その選民たるわれわれに恩寵を垂れたもうて、全世界に分散せしめたもうた。

すべての人々に、わがユダヤ人同族の弱点と思われる民族分散の在り方が、われわれをしてすでに全世界主権獲得の門口まで到達せしめたもので、ここにわれわれの力の総てが潜んでいる」と。

このことは、十八世紀啓蒙思想から生れた合理的科学思想なるものはすべてが真実の科学ではなく、世界、国家、家庭を破壊して、ユダヤ人による世界征服を達成するための手段であったということになる。

日本本土に原爆を投下した様なもので、世界征服の目的達成のためには手段を選ばぬのがフリーメーソンの根本方針であった。

「シオン賢哲の議事録」には次の通り明言している。

「この悪徳こそは、われわれにとって目的『善事』を達成する唯一の手段である。

それ故に、われわれの計画の遂行に役立ちさえすれば、暗殺、買収、詐欺、裏切り等に決して尻込みしてはならない。

政治上では他を屈服させ、また権力を獲得するに必要な場合は、ちゅうちょすることなく他人の財産を奪取する事を心得ていなければならない。……単に利益のため許りではなく、殊に勝利のためには、義務としても圧制と偽善とをわれわれは固執しなくてはならない。

冷静なる打算の理論は、それによって適用される手段と同じく強力である。これらの手段そのものによってというよりも、むしろ峻厳の理論によって勝利を得、あらゆる非ユダヤ政府をわれわれの超政府の許に屈服せしめるであろう」

以上の方針に基づいて、必然的に生れたのが公害である。

五、公害の真の原因は人間感情の欠落

公害といえば、誰でも自然環境の破壊ということに目を奪われ勝であるが、一般に言われる公害は人類滅亡にかかわる重大な公害から必然的に派生するものであることを知らなければならない。

そのため、今日の公害問題に対する議論は公害の本質に触れず、すべてが的はずれであるから実際にこれをなくすることは不可能である。

現実に、人類は原子爆弾の及ぼす公害がいかなるものであるかを知っていても、民族、宗

教の対立はこれを取り除くことをゆるさないではないか。

しかも、原子爆弾より更に大きな公害についてはこれまで一般に理解されなかったが、フリーメーソン魔術力が消滅した現在において、その秘密の全貌を明らかにすることは、真の公害をなくするため必要なことであると思う。

ここで御承知いただきたいのは、現在のユダヤ人は、かつてフリーメーソン魔術力に翻弄されていた神の選民ではなく、すでに世界民族と同じく人類協同体の一員だということである。

また、フリーメーソン魔術力というものも、これまでは人類を滅亡に導く悪魔的な存在と考えられてきたが、実際は人類の間違った根本精神を目覚めさせんがために必要な最も有益な存在であった。

その有益な霊に使われて、人類を自覚させんがために二千年の間酷使されてきたユダヤ人は、人類反省のための犠牲者であったことを忘れてはいけないと思う。

先ず最初に真実を知る前提として、有史以来人類が知識として身につけたものはすべて偽りの理論から成り立っているため、これを根本的に否定してかかる必要がある。

例えば、世界の大科学者で現代科学知識の最高指導者といわれているアインシュタインは、歴としたフリーメーソン最高賢者の一人でしかも魔術師であったという。

もしこれが事実とすれば、現代の科学知識は、すべて世界革命に必要な知識であったとして、これも大きな公害の一つといわなければならない。

当然、光速で計算された宇宙の年齢や宇宙誕生の空想など何一つとして人類に正しい知識を与えていない。

日本に有史以前から伝承されている古代文字の記録によると、この宇宙は数千億万年の長い歴史を持っているという。

恐らく現代流の知識を信じている人は、過去幾千億万年の歴史など頭からこれを否定し軽蔑するに違いない。

それでは、現代の宇宙年齢が正しいかといえば確たる証拠は全くない。ただ偽りの理論から導き出される科学的想像であった。

今日の知識は、過去の偽りの知識の上塗りであるから、偽りに基づく現代の知識による証明はすべてがまやかしである。

一つの例を示そう。現代人は進化論を正しいものの様に信じているが、これこそ偽りの中の最たるもので、人間は決して猿から進化したものではない。

進化論では、世界の古代文字が、進化によって幼稚な絵模様から高等な文字に進化した様に偽っているが、実際は、人類がこの地球に移住してから、二千四百種類の文字が一つの原図に基づいて作られていた。

しかもその原図は宇宙構造の原理を示す図式で、人類が他の天体惑星に住んでいた時から使用されていたものである。

また人間の使用する言葉・文字・数・その他すべての記号は、この宇宙構造図から作られているため、人間が進化したなど全くの嘘っぱちといわなければならない。

まさかと思われる方は、後から説明する宇宙構造図に、全世界の古代文字を当てはめて見られるとよい。

すべての象形文字、すべての絵文字を含めて、例外なく宇宙構造図から描き出されていることが、文字と図式の照合によって証明される。

勿論、文字制作法に一定の法則があって、ただむやみやたらに図式の線分に合わせたものでないから、その法則が分かれば誰でも簡単に文字の正しい原形を知ることが出来るであろう。

この様に、科学の根本である進化の法則自体が全くのでたらめで、過去の歴史を抹殺し真実の知識をおおいかくすためのものであるから、すべてが偽りであるといわなければならない。

それでは、何故過去の歴史を抹殺し、真実の知識をおおいかくす必要があったか。

これは、古代文字で記されている天皇（すめらみこと）の系譜を見れば詳細を知ることが出来る。

本書では、この系譜のことを皇統系譜と名づけたいと思うからその様に心得ていてもらいたい。

皇統系譜によれば、人類は今から三千数百年前に、メソポタミア文明から天皇否定の宗教と学問を発生させ、それまで数千億万年に及ぶ万世一系の天皇の歴史を否定し、過去一切の知識を抹殺する運動が広がったという。

それまでは、人類のすべてが太古天皇から分かれ出た兄弟として親しく交わり、天皇を宇宙の中心と定めて、世界一家同胞の楽しい生活を営んでいた。

それは天皇が言葉と文字と念力によって、常に宇宙万有の調和統一を保っておられたからである。しかし、天皇が人類から見放されたり、あるいは、天皇御自ら宇宙の中心としての御立場を否定された時には、宇宙万有の調和統一が保たれないため、人類は天変地異によって滅亡することになっていた。

皇統第二十六朝七十一代天照囶照日子百日臼杵天皇即位二十一年十月、十年前から神勅で予言があった通り突然天変地異が起きて、人類のほとんどが死滅し、日本の国も完全に壊滅して、原始時代となってしまった。

これは、今から二九五〇年前のことであったが、今でも富山県魚津市の海岸に埋没林があって、当時の面影を残している。

この時世界の母国であった日本の国は没落し、この時を境に、日本天皇にかわって、ユダヤのソロモン王が魔術の力で世界を支配しようと企んだ。

これがフリーメーソン秘密結社の創立である。

一度魔術力に支配された人類は、その後あらゆる戦争、内乱、革命の道具となって翻弄され、闘争しなければ生存出来ない様に訓練されてしまった。

故に、人類が日夜闘争のためにきりきり舞いさせられているのは、人間の魂がフリーメーソン魔術力に支配されてしまったからで、魔術力の呪縛が解けない限り、偽りの教えをそのまま信じ込んでゆく。

そして、人間に太古から備わっている感情は、天皇を宇宙の中心に定めた天皇への自然感情が根本であって、この感情の欠落が、すべての公害を生み出す元となっていたのである。

故に、公害の元凶は、天皇否定の宗教と学問であるといわなければならない。

六、唯一神宗教が公害の元祖

宇宙の中心点天皇から人間の自然感情が生れていることを知るためには、天皇が宇宙の中心にましますす道理を理解すればよい。

大体宇宙の中心という考え方は、天地万有の調和統一を保っている中心力であるから、天皇が宇宙の中心点であるという太古以来の宇宙真理は、体験によって十分体得することが出来る。

しかし、現身の天皇は一見人間として反応されながら、宇宙の中心として信ずる者には、宇宙の無限の力をもって対応されるのであった。

戦時中あるいはそれ以前から伝えられている、天皇絶対の思想は、天孫降臨の思想から生まれたもので、太古以来の悠久の年代にわたる、すべての天皇を抹殺した神話に基づいている。

皇統系譜によると、天孫降臨の思想は、今から三〇四一年前メソポタミアから亡命してきた天孫族のシュメール人とセム人が、皇室乗っ取りのために創作した天皇否定の思想であった。

その頃の天皇側近は、天孫族の魔術に操られ、高千穂の峰にあった皇祖皇太神宮の分霊殿に、天孫族の信仰する「火の神」を祭り、これを天皇家の祖先に定めてしまった。

そのため、人類の始祖以来万世一系のすべての天皇を祭る神殿を切り替え「火の神」（天つ彦彦火のニニギの命）一神を祭る神殿に改めて「天孫天降神宮」と改名してしまったのである。

そして、天皇の御先祖は、天から降臨された天つ神の御子の（皇孫）であるという思想が作り出され、天皇は天孫といわれる様になってしまった。

この時以来、日本人は勿論のこと全世界の人達からも、天皇は宇宙の中心にましますという太古以来の常識がなくなってしまったのである。

だから、日本の国が敗戦の時まで、日本精神の根本を天孫降臨思想に定め、日本神道も、天皇を宇宙の中心に定めず、天照大神をもって日本国の精神的中心に定めた。

宇宙の中心天皇を放棄した天罰は正に敵中して、人類は世界大戦の惨禍に巻き込まれ、日本は敗戦の浮き目を見たのである。

要するに、天孫降臨思想に基づく天皇は、日本人自ら宇宙の中心天皇を日本一国の統治者に引きずり降ろしたもので不敬の極みであったといえよう。

そのため、二九五〇年前の日本壊滅より一〇年前（二九六〇年前）に神勅があって、今から二九〇〇年目（昭和十四年）に世界大戦のため、日本の国が危うく天皇の位も危ういという警告があったのである。

しかし、昭和二十一年敗戦の翌年元旦に、昭和天皇は詔によって「人間宣言」ともいうべき御発言があり、天孫降臨という神話に基づく天皇を否定された。

この時昭和天皇は宇宙の御神気を発揮され、たちまち日本の国を復興して世界の富国にまで発展せしめられたのである。

また、フリーメーソン魔術力が日本乗っ取りを策したところ、宇宙の中心天皇に復された昭和天皇と、天皇の位を継承された今上天皇の御神気により、平成四年一月、遂にフリーメーソン魔術力を消滅させることが出来た。故に、公害は天皇の御神気によってのみ消滅させることが出来るのである。

本来フリーメーソン魔術力は、人類に対して、宇宙の中心天皇の御存在を自覚反省させんがため、悪魔の姿となって人類全体を戦争、内乱、革命の悲惨事に巻き込んで来た。

魔術力が人類の反省を求めていた証拠は、次の事例で明らかにされるだろう。

「フリーメーソンの基礎法」の第二三条に「秘密であることは重要である。これは本来そうでありすべての基礎はこの結果生れたものである。『秘密』でなくなれば自己喪失となりフリーメーソンは消えてしまう」といって、フリーメーソンを消滅させる方法を明示していたのである。

だからフリーメーソンの「秘密」を解明することが要であった。

そしてもう一つ重要なことが知られている。

古代ユダヤの秘密に精通したグルジエフは、かってその弟子ウスペンスキーに次の通り語ったという。

「もしも、多くの眠れる人の中に二人か三人の目覚めた人がいれば、彼ら同志はただちに相知ることになろう……（中略）……自覚した人々が、もし地上の世界に、みずから世の中の人の自覚を求めようとするならば、これらの人々はわずか二〇〇人で、世界の人々の運命を変えることが出来るのだ」と。

これは二人か三人の人でも、フリーメーソン魔術力の本当の主旨が分かって宇宙の中心天皇を自覚し、これを世の中に発表するならば、わずか二〇〇人で世の中を正道に復することが出来るといっているのである。

また、フリーメーソン魔術力の反応を知る方法について、一九三八年のラコフスキー調書の被告ラコフスキーの証言があるから揚げておこう。

「彼等（フリーメーソン魔術力）から、直接の回答を期待することは不可能である。事実によってのみ回答が出来る。これが不変の戦術である。

彼等はこれを選択し、これによって彼等は、自分の主旨を信じさせるのである……。

彼等に対して、個人的に接近する方法を利用する必要はない。

必要なことは、思想の表現、不明ではあるが、一定の事実に基づく理性的な仮説を示すことにとどめることである。

そのあとは唯待つだけである」と。

以上のフリーメーソン魔術力消滅の方法は、フリーメーソン秘密結社員自らの証言であると共に、彼等を霊的に操作している魔術力の表明でもある。

故に、この方法を用いることによってフリーメーソン魔術力を消滅することが出来た実際について説明したいと思う。

日大皇学研究所では、戦前の皇道社の時代からフリーメーソン魔術力の研究に着手し、戦後は世界を動かす力が霊の力によることを知悉したのである。

そのため、もっぱら魔術力の源泉を極めることに研究を集中してきた。

ところが、宇宙構造図解明と皇統系譜の御神意を理解出来てから、始めて宇宙の中心天皇の御本質が明らかにされたのである。

平成四年一月、日本大学の一会議室から、フリーメーソン魔術力に対して次の通り宣言を行った。

「日本天皇は宇宙の中心的御存在である」と。

その月から魔術力の反応が現われ、日本及び世界の情勢が急速に変わり、特に今まで秘密にされていた過去の史実が次々と明らかになって行った。

この事実によって、ラコフスキーの証言通り、フリーメーソン魔術力に反応があったことを確かめることが出来たのである。

故に、人間が不幸にあうのは宇宙の中心天皇を放棄しているためで、一度天皇に目覚めることが出来れば、フリーメーソン魔術力といえども即刻消滅するということが分かった。

そこで、再び皇統系譜に基づいて「天皇否定の宗教」が始めて発生した年代と当時の歴史を調べて見ると、次の事実が明らかにされたのである。

今から三七二九年前、皇統第二十六朝六十八代天津日高日子宗像彦天皇即位一三八年、始めてメソポタミアからシュメール人が国を失って王室一族が日本に渡来した時、地神を信仰する思想がもたらされた。

天皇は側近臣下の要請で、越中の皇祖皇太神宮別祖太神宮に祭ってあった天地の神から地の神だけを抜き出して、これを飛騨高山の地で別に祭られたのである。

この祭り方は、メソポタミアの地において都市神を祭った方法であるが、天皇を軽んじたメソポタミア王が国を失い、祖国日本に亡命して自己の宗教を広めたものといえよう。

メソポタミア文明の宗教の始めは、都市神信仰であったが、日本皇室がこれを真似る様になってから、天皇否定の宗教は全世界に浸透して行った。

そして、今から二九五〇年前に日本が壊滅した時、ソロモン王が、天皇に代わって全人類を支配しようと企み、魔術力を用いて人類を操る様になってから、フリーメーソンによって唯一神宗教が始められたのである。

また魔術力は、ユダヤ人を使って世界の宗教を統一するため、ユダヤ教を中心とする神の選民を育て上げ、人間の慢心を自己のエネルギー源として、強力な唯一神宗教へと発展させた。

この宗教は、旧約聖書に示されている通り、全世界の王者をユダヤ王の下に屈伏させることを当然とし、世界のすべての富は、自分のものであるという考え方を持つに至ったのである。

「シオン賢哲の議事録」に次の通り記されていた。

「われわれが世界支配権を掌握した暁には、われわれ同族は、唯一の神を崇拝するわれわれのユダヤ教以外には、如何なる宗教の存在をもわれわれは望まないであろう。

神の選民たる資格を有するわれわれの運命は、この唯一の神と結ばれ、この神によって全世界の運命とも織り合わされているからである。

この理由からして、われわれは、他の宗教は凡てこれを破壊してしまわねばならぬ」と。

また選民ユダヤ人が世界征服の目的達成のために次の様なことも記している。

「重大な目的の達成は手段を選ばず、また、血を流させた犠牲の数に拘泥しない時にのみ成功すると、われわれの聖賢哲の言ったのは、誠に真理である。

われわれは、非ユダヤ人という畜類を犠牲にすることには、少しも拘泥しなかった」と。

この様な独特の思想信念からユダヤ人の存在する国には、必ず公害が生み出されて行った。

しかしこの様な考え方は、ユダヤ教だけでなく唯一神宗教である以上は、自己の教勢拡大のために必ず同じい傾向をたどるものである。

故に、唯一神宗教は公害の元祖といって差し支えはない。

七、進歩は公害の促進剤

これまで、宗教と科学は相入れないものと考えられて来たが、これは、フリーメーソンの世を欺く戦術上の理論で、本来宗教と科学は一つである。

先にも例示した様に、世界最高の科学者といわれるアインシュタインはフリーメーソン最高賢者の一人で歴とした宗教家であった。

よく云われる様に、科学者ニュートンも神を信じていたのである。

故に、宗教と科学を対立的に考えるのは、フリーメーソンの謀略にうまく乗せられているもので、実際は世界の宗教に対立するフリーメーソンの宗教のことを科学と名付けたにすぎない。

それではフリーメーソンの宗教とは何であったか。

勿論、ユダヤ教というのは、ユダヤ人を神の選民として育てるための道具で、魔術師は別の宗教を持っていた。

「フリーメーソンの基礎法」第二十二条では次の通り言明している。

「『法』はすべてロッジにおいて絶対不可欠な書である。

つまり、キリスト教世界では『法』は旧約、新約聖書にあたる。

ユダヤ人国家においては旧約聖書であり、イスラム教国家においては、イスラム教徒のフリーメーソンにとって『コーラン』がそうである。

フリーメーソンは、神の存在について関与しない限りにおいて、信仰宗教を問題にしない。

『法』は『思弁的』メイソンにとって、精神的架橋つまり自身と神との架橋であり、これなくして労働の意味はない。

『宇宙の大棟梁』の啓示を信じる結果、『思弁的』労働が可能となるのである。

この神の啓示を意味する『法』は、すべてのロッジに不可欠の存在である」と。

内容は啓示的で、秘密結社員以外の者は意味が分からない様に記されている。

フリーメーソンの『法』とは「宇宙の大棟梁の啓示」であって、ユダヤ人国家の『法』である旧約聖書ではなく、またフリーメーソンの利用している教典「タルムード」でもない。彼等の『法』とは、一定の「思弁的労働」すなわち霊界通信を受ける一定の思考法によって、感受する魔術力からの霊的啓示のことをいう。

だから秘密結社員は、必ずロッジという集会所で思弁的労働を行なって、魔術力からの霊的啓示を受ける訓練を行なうのであった。

なお、ロッジはソロモン神殿に代わるべき現代の神殿で、ここから、世界征服に必要な啓示が、直接本人の心に直感として伝えられていたのである。

また、フリーメーソンの発明した「良心の自由」を信ずる者は、たとえ秘密結社員でなくとも、瞑想をすることによって、心の中に思い浮ぶ啓示は神の聲として、魔術力からの霊的啓示が得られる。

フリーメーソンの魔術力が消滅した今日では「良心の自由」を信じて瞑想しても、魔術力の反応はない。しかし余所者の邪な霊が啓示を与えて人を弄ぶ。

参考までに「宇宙の大棟梁」という表現はどこから来たかといえば、日本天皇の御称号から拝借しているものである。ソロモン王はフリーメーソン創立に当たり、日本天皇に代わって宇宙を支配しようと望んだから、天皇の御称号を悪用したのも当然と思われる。

皇統系譜によると「天津日嗣天皇万国棟梁一人天皇と定める」と記されていたり、天皇の御称号にも「天日身光万国棟梁天皇」と記されている。

ただし皇統系譜において「万国」とは宇宙全体を表徴していた。

例えば太古から使われている天地の意味にしても、天とは宇宙を生みなすエネルギーのことをいい、地とはエネルギーの中から生み成された宇宙全体をいうのであった。

また人間は天体を移動しているため、他の惑星にも人類が生存しているから万国とは前の惑星をも含めている。

故に「万国棟梁一人天皇」とは「宇宙棟梁一人天皇」ということであった。

この様にしてフリーメーソン魔術力は「宇宙大棟梁」を名乗ったのである。

すなわち、フリーメーソンにとって科学とは、世界の宗教を撲滅するための道具であって、これを利用しているものは歴としたフリーメーソンの神であった。

故に、科学の根本目的は霊魂の存在を否定するにあって、その理論は故意に偽りで固めてある。

例えば、科学上最も重要なことの様に教え込まれている「進歩」にしても「シオン賢哲の議事録」には次の通り説明していた。

「諸君は皆ご存じであろうが、この進歩の恩恵などと云うものは幻夢の様なもので、何等の根拠もなき妄想の源泉となる。

これからして、人間相互間および人間と国家との関係における、無政府主義的傾向も生じるのである。

進歩、正しくいえば進歩の思想は、各種の解放運動を招致したが、この解放運動の停止する所を知らない。

いわゆる、自由主義者にして若し実行出来ない者は、少なくとも思想的には無政府主義者である。

彼等は、何等かの自由の幻像を追求し、結局は勝手気ままに堕するに至る。

すなわち、反抗するがために反抗の無政府主義に、おちいる事をまぬがれないのである」。

また次の様に、進歩という言葉は真理をおおうものであるといっている。

「実際われわれはこれまでも、進歩という言葉を巧みに使って、非ユダヤ人の空虚な頭脳を混迷させて来た。

見よ！　彼等の中には一人として、経済上の新発見に関して言われる時以外には、此の進歩という言葉は、真理をおおうものであるという事を、理解するだけの頭をもっていないではないか。

何故なら真理は只一つあるのみで、これには進歩の余地などあろうはずはない。

あらゆる他の誤れる思想と同様に、進歩という言葉もまた真理をおおうものである」と。

公害が、フリーメーソンの方針に基づいて発生する様に仕向けられているものとすれば、進歩の思想は、その促進剤であるといって過言ではない。

八、進化と闘争の原理が公害の栄養剤となる

近年までの日本人は、学校教育は勿論のこと新聞・テレビ・雑誌・その他の出版物によって人類の祖先は猿であったと盛んに教え込まれていた。

これに対して、堂々と反対意見を述べる者が居らなかったのは、フリーメーソン魔術力の呪縛に拘束されていたからである。

魔術力の拘束が解かれた今日、人間進化の偽りについて、本当のことを明らかにしておきたいと思う。

何よりもはっきりしていることは、フリーメーソン魔術力にとり、人類が猿から進化しているという命題は、人類に対する教育の根本方針で、これなくして選民ユダヤ人の存在は成り立たない。

また魔術力のエネルギーは、ユダヤ人の選民意識による慢心であるから、魔術力のパワーをより大きくするためにも、人類を畜類として扱う必要があったのである。

「ユダヤ人のみが神の選民であり、ユダヤ人こそは、人間としての名称を有するに最も適当であって、非ユダヤ人はただ労働のみする家畜であり、且つユダヤ人の奴隷として、神に造

られたものである」と教えられた。

すなわち、ユダヤ人の使命は、シオンの王座を、全世界の上に樹立するにあるのであるという事が、ユダヤ民族に示されていたのである。

なお、ユダヤ人は、彼等が最高至上の存在であり、従って彼等は、他の家畜的非ユダヤ民族と絶対融合し得べからざるものであると教えられた。

そして、秘密的と公開的との別なく、総ての学校において、また、ユダヤ人の家庭において行なう教育方法の原則は、ユダヤ人等に、他国民に対する彼等の自尊心および神の子であるとの権利に基づいた、自己を神とする心を示唆したのである」と。

この様なユダヤ人の選民教育が、二千年の長きにわたって行なわれてきたのである。

日本人の場合は、人類家畜化という考え方について全く無知であるが、「旧約聖書」の伝道の書には、ソロモン王が述べた選民以外の他民族に対する教育方針として、次の通り記されているから世界では常識であった。

「神は彼等をためして、彼らに、自分たちが獣にすぎないことを悟らせられるのであると。人の子等（選民以外の人類）に臨むところは、獣にも臨むからである。

すなわち、一様に彼等（選民以外の人類）に臨み、これの死ぬように彼も死ぬのである。

彼等はみな同様の息をもっている。人は獣にまさるところがない。……」と。

この様にして、ユダヤ人を選民に仕立て、他の人類を畜類として扱うことは、フリーメーソン魔術力の原動力であった。

勿論、魔術力にとって、ユダヤ王による世界統一はユダヤ人の選民意識を高めるための餌であって、魔術師を動かしている大元の霊は、別のことを目的としていたのである。

故に、人類の祖先は猿であったという思想は、選民ユダヤ人以外に与えた教育方針で、ユダヤ人の選民意識を高めるため有効な世界教育であった。

この世界教育は、そのまま世界革命の六大方針をより鮮明にするものであるから、フリーメーソンにとって最も重点的な宣伝材料であったに違いない。

今日まで、あらゆる秩序ある政体の廃止、相続の廃止、私有財産の廃止、愛国心の廃棄、家族の廃止、宗教の廃棄が現実問題になっても、人間が元々猿の子孫であると思えば、別に違和感がなく、何とはなく納得させせられてしまう。

しかし、この様な人類滅亡の道を示してもこれに正しい批判も出来なかったのは、魔術力の霊的支配に拘束されていたからである。

過去のことは、どんなでたらめでも理論的にもっともらしく説くのが有史以来の学問で、そのすべてが偽りであった。

人類は決して猿より進化したものではない。

実際は、太古人類こそ、現代の文化とは比較にならぬ位に高度な文化を営んでいる、立派な祖先達であった。

現代の知識では人類の歴史を偽っているが、実際は、幾千億万年か想像も出来ない程過去にさかのぼり、しかも他の天体惑星から移動して、現在の地球に移住したものである。

また人類の使用する言葉、文字、数も、他の天体惑星の時代から使用され、あらゆる生活に必要な文化は、当時からすでに整っていた。

現代人は、人工衛星で人間がようやく月面に降り立つことが出来たといって、科学の力を誇っているが、太古は念の力で粒子を変換し、天体の操作は勿論、人間の天体間移動は極めて簡単に行なわれたのである。

太古において粒子の変換が可能であったことは、現代の霊力者の中でも行なう者が居り、人間の空中浮遊も、実際に行者が行なっているから疑う余地はない。

ただ現在の霊力者は、個人的な欲望に基づく範囲であるが、太古の霊力は国家的世界的宇宙的な広がりを持つもので、その差異は桁外れである。

現在の人類の歴史でメソポタミア文明の最盛期というのは、皇統系譜によると、今から四八四〇年前（皇統第二十六朝六十四代豊日豊足彦天皇即位四三年）世界に文字普及のため、日本から皇子皇女が多数派遣された時代のことで、人類の歴史でも末期に相当していた。

楔形文字も、その時メソポタミア王に賜うたものである。

大体進化論では、文字が稚拙な絵模様から進化して高度な文字になったごとく教えているが、実際は人類が他の天体に住んでいた時から使っていた。

この地球に移住してから二千四百種類の文字が作られ、この内の一部が全世界の王室に賜わったのである。

何しろ皇統系譜によると、過去幾千億万年におよぶ人類の歴史が克明に記され、当時の人達が、天皇を宇宙の中心に定め、世界一家平和安定の生活を送っていた姿を知ることが出来る。

今から三千数百年前に発生した「天皇否定の宗教と学問」が、万世一系の天皇を抹殺するために、太古の文化をことごとく抹消した。

故に、有史以来の宗教と学問は、偽りに偽りを重ねて今日に引き継がれている。

そして、偽りの学問は人類の祖先を猿に定め、人類の祖先を侮蔑することによって、万世一系の皇祖に反感を抱かせることと、現身の天皇を否定するに至らせようとする陰謀が秘められていた。

人間は、この偽りの思想によって、人類の祖先に対する観念が薄れ、祖先の霊的加護のない孤独な魂の放浪が始まったのである。

進化論の人類に及ぼした害悪は、それだけに止まらない。人間は猿から進化したというので本能的な動物闘争が常態と信じられ、他の動物との闘争によって勝ち抜こうとする、生存競争が人類の生活様式となった。

人類が、お互いに疑い深く、親子、夫婦、兄弟あるいは師弟や長上部下の間においてすら、お互いに争うという獣類社会が出現したのは、人類の祖先を猿に定めた学問の公害による。

進化論から必然的に生み出されるのは闘争理論で、進化と闘争は人類のあらゆる文化にわたり、人間は闘争しなければ生きることが出来ない文化を築いてしまった。

獣化した人類は、国家的にも社会的にも勝つためのあらゆる道具を乱造し、益々公害をひろめてゆくばかりで、公害のために気をくばる様な者は、闘争に負けた者として余り問題にされない。

獣化された人間にとって、将来の人類滅亡など考える必要もなかったのである。しかし、これがフリーメーソン魔術力の最も期待するところであった。

ただ一言いいたいことは、フリーメーソン魔術力の消滅した現在、一日も早く、ユダヤ人がこれまでの選民意識を取り去って世界の民族と和合しなければ、霊的援助のない今後の存続が危ういということである。

九、人類は長らく自由という名の公害に気づかなかった

皇統系譜では、人類は過去幾千億万年か想像も出来ない間、現身の天皇を宇宙の中心に定めて、悠久の年代にわたり世界一家平和安定の生活を営んでいたという。

また天皇中心の時代では、人間生存上の本能として、自ずから国王、直属の臣下、大氏族、

小氏族、家族、個人の段階で社会が組織立てられ、長上を敬い自己の職業に喜んで従事していた。

そのため、自由を求めるという考え方はなかったのである。

人間は、自分を守ってくださる天皇の御神気と祖先の御霊に魂を委ねている時、心は安定していた。しかし、天皇の御神気と祖先の御霊から見放された時、いい様のない不安に襲われ、環境に順応出来なくなる。ここに始めて、他からの束縛や支配などを受けたくないという、自由を求める心が生れるのであった。

皇統系譜によると、人間が自由を求める様になったのは全くの我ままからで、天皇の真似事をしたいというのが始めであった。

皇統第二十六朝五十六代天津成瀬男天皇即位一五〇年（今から七四二二年前）天皇は、何時もの通り羽衣に日「十六菊形紋をつけて巡幸されたが、世界の王者達が、天皇の紋を真似て作る様になった。

これは世界の王者達が天皇になれ親しみ、自分達も天皇と同じく、太古の天皇から分かれ出た子孫であるから、天皇紋「を真似ても差し支えがないと思ったのである。

この時彼等は、天皇と不離一体の御関係にある皇后を無視する様になってしまった。

皇后を無視することは、天皇を無視することになるので、各王者は、たちまち天皇の儀式までも真似る様になってしまったのである。

その一九一年後（今から七二三一年前）次の五十七代天津照雄之男天皇即位二十一年に天変地異が起こり、世界全体が土の海となって、人類のほとんどが死滅してしまった。

この天変地異は、楔形文字版や旧約聖書あるいは伝承として全世界に伝えられている。

また、五十八代御中主幸玉天皇即位一〇一年（今から六六九〇年前）伏羲神農両氏が来朝して、皇祖皇太神宮別祖太神宮で易の根本と文字制作の秘法を学び、帰国してこれを後世に伝えた。

なお、古代中国の易学や甲骨文字、金文、篆書は、宇宙構造図を基に作られたものである。

しかし文字制作の秘法は、天皇専用の図式から描き出されるため、この様な図式を学びたいというのは伏羲神農にも天皇になれ親しむ心があった証拠といえよう。

五十九代天地明玉主照天皇即位一〇三年（今から六三〇六年前）万国巡幸の時に、王者達に神勅を教えられ、

「各国の王者は、絶対に天皇の儀式を真似てはいけない」とお示しになった。

古代中国において、伏羲神農以来歴朝が、日本天皇の儀式を真似て大嘗祭や即位式を行なったから、後世、日本天皇の儀式があたかも中国の儀式を真似た様に誤り伝えられたのである。

勿論中国だけでなく、天皇の儀式を全世界の王者が競って真似たため、この頃から人類は急速に乱れてゆく様になった。

そして、今から三千数百年前に、メソポタミア文明から天皇否定の宗教と学問が生まれ、二九五〇年前の日本壊滅と共に、ソロモン王が世界征服の運動に乗り出したのである。

故に「シオン賢哲の議事録」では、天皇を否定するための根本精神を、ソロモン以来の「自由と平等」に定め、この方針がフリーメーソン消滅の時まで貫かれていた。

「われわれが、自由・平等・四海同胞なる語を民間に放ったのは、すでに古代の事である。

それ以来、これ等の標語は、この好餌を目指して飛来する無意識のオウムによって、何度となく復習された。しかし、この好餌をくわえ去ると同時に、世界の幸福と、さきに群衆の圧迫より防護されていた、個人の真の自由とを破壊してしまったのである。

いわゆる、賢明な非ユダヤ人の識者といわれる人々でさえも、難解な謎のごとき、この言葉の抽象的な意味を正解し得る事が出来なかった。

また、その内部に含まれている矛盾を、勿論看破する事が出来なかったのである。

彼等は悲しい事に、自然なるものが平等を知らず、またその中に、自由があり得ないものであり、由来自然そのものが、理性と性格と才能との不平等と、その自然の法則とに対する屈伏とを作ったものであることに気づかなかった。

彼等非ユダヤ人の知識階級は、人民大衆なるものが、盲目の力であるものなる事を少しも考慮しなかった。

また、国家の政治のために、大衆の中から選ばれた成り上り者共も、民衆自身と同様盲目である事を考慮していない。

またマッソン（フリーメーソン）結社の奥義を授かった者は、たとえいかなる馬鹿者でも統治が出来得るものであるのに、奥義を授からぬ者は、いかに非凡な智者であろうとも、手腕家であろうとも、政治上何も解する事が出来ない事などを考慮しないで、彼等非ユダヤ人は、これ等すべてを見過ごしているのである。

…………。

自由・平等・四海同胞なる語は、盲従的われわれの謀者によって、世界のすみずみにまで宣伝せられ、幾千万の民衆は、われわれの陣営に投じ、この旗を狂喜してかつぎ廻っている。しかるに実際をいうと、この標語は、到る処平和安寧一致を破壊し、国家の基礎をもくつがえし、非ユダヤ人の幸福を侵蝕する獅子身中の虫である。

これが、われわれの勝利を促進したという事を、諸君は後日承知されるであろう。

これが重要な切札をわれわれの掌中に帰せしめた。切札とは特権階級の撲滅である。換言すれば、われわれの強敵、すなわち、国家国民の防護者たる非ユダヤ人の自然発生的貴族の没落した廃墟に、金力という、われわれの知識階級の貴族を元首としてすえた。

この新貴族の資格を、われわれはわれわれの掌中にある富と、われわれの賢哲によって動かされている科学に置いたのである。

われわれの勝利は、なおわれわれに必要な人々と交際するに当たり、常に人間の弱点をとらえることによって容易に得られたのである。

弱点とは、すなわち人間が計算高い事、物質的慾求を満たすため貧慾あくなき事、これ等の弱点を一つ一つ取って利用すれば、人間の独立的主動力を全く滅ぼし、その意志をば、買収者の自由に一任させる事が出来る。

自由という抽象的標語は、政府というものは、国家の持主である人民の手代に過ぎぬから、弊履のごとくこれを交代せしめることが出来るとの観念を群衆に与えた。

人民が代表者を交代し得るという事は、すなわち、われわれの思うままに代表者を左右する機会を、われわれに与えたのである」と。

これまで、人類は平等・博愛という美しい標語が、いかにも人間の幸福をもたらす至善の言葉と思わされて来た。

ところが、実際は人民の幸福を願っている、これまでの貴族達を没落させ、これに代わってフリーメーソン魔術力の道具である、金力という貴族にとって代わらせようとする謀略思想だったのである。

フリーメーソン天国の米国は勿論のこと、明治時代から自由平等の精神で教育されて来た日本の国は、敗戦後完全に金権支配の国と化してしまった。

今日自由・平等の日本人は、親子・師弟の関係も友達づき合いとなり、一寸気に食わぬというので、親子・師弟の間柄でも簡単に殺傷し合う様になったのである。

「シオン賢哲の議事録」はいう。

「自由主義的放縦なるものを取りつけた。

このやり方で、われわれは司法制度、選挙、言論機関、個人の自由等を崩壊させ、殊にあらゆる人々の、自由なる存在の支柱となっている人民の教育および薫陶を毒したのである。

われわれは、非ユダヤ人の青少年をおろか者にして誘惑し堕落させた。

われわれがこの目的に達したのは、青少年の教育を誤った原則と教説との上に樹立したためであって、われわれは、これ等の原則と教説の偽瞞性をよく承知していながら、なおそれ等を適用させたのである」と。

日本人は、明治時代からフリーメーソン魔術力の指導を受けていたため、完全にマインドコントロールされ、国民のほとんどは彼等の陰謀に気づかなかった。

現在は、フリーメーソン魔術力の霊導こそなくなっているが、過去に教え込まれた自由平等の観念だけは、日本国民の心の中に深く巣くっている。

これこそ、今日のあらゆる公害の中で最も大きな存在として認識しなければ、他のいかなる公害もなくすることは出来ないであろう。

一〇、現代公害の究極の元祖は金銭

現在日本の国を支配している者は、政治家でもなければ財閥でもない。はっきりいって自由平等の権化である金力が、日本の国を牛耳っているのである。

政治や経済だけでなく、日本人が生きるためのすべてのものが金力に支配されているから、何よりも、金銭というものの特性を正しく把握しておらなければ、絶対に安定した平和な世の中を望むことは出来ない。

大体金力の運用についていては、金融財政経済の全域が魔術力に支配されていたため、金銭には必ず魔術力の霊的作用が密着している。

金銭の霊的作用には、不動の法則が定まっていて、国家の財産から個人の財産に至るまで例外がない。

そのため、人間が金銭を扱うためにはどうしても知っておく必要があり、これを知らなくては、かえって金銭のために翻弄され、国家社会を滅ぼすことになる。

かつて、世界の富を八割以上手に入れたユダヤ人財閥は、フリーメーソン魔術力に利用され、世界の舞台裏にあって、第二次世界大戦のために多くの資金を放出していた。

しかし、ユダヤ人自ら世界征服の一役を担って、ユダヤ人に対し何一つ敵意のなかった日本を戦争に引きずり込んだため、天譴を受けることになったのである。

日本が敗戦後、天皇は日本復興に立ち上がられ、御神気の働きによってユダヤ財閥は急速に力を失ない、これに代わって、敗戦国日本が世界の富を手に入れることになった。

ところが日本人は、天皇の御神気による賜であることを自覚せずに、相も変わらず天皇を侮蔑して、やたらと世界の諸国にわび言を並べ、金持ちの馬鹿者扱いにされてしまった。

金の性質を知っているあるユダヤ人は「日本の復興は天皇のお陰である」といったが、日本人は馬耳東風であった。

ユダヤ人は、陰謀術策で世界の金をほとんど一手に集めたが、彼等は自分一個の利益のためではなく、ユダヤの神のために集め、自分の金はすべてユダヤの神のものと信じて疑わなかったのである。

そのため、世界中の、自己中心の人間に支配されている金を簡単に取り上げ、世界の富豪となった。これは極めて当然のことで、取った者よりも取られた方が進んで差し出したといっても差し支えない。

何故なら、金力の運用は、本来フリーメーソン魔術力の霊的指導に従っているからである。それでも一たび、天皇の御神気が発動されると、あっという間に天皇の下にある日本の国に移ってしまったのは、如何なる訳であろうか。

これには、金銭というものの性質と、金力を運用するフリーメーソン魔術力の霊と、天皇の御神気との間に絶対切り離すことの出来ない強いつながりがあって、その関係は、時代の如何を問わず絶対不変である。

太古は、宇宙の中心天皇のお陰で、大地から生み出す産物を収穫して物々交換により有無相通じていた。

当時は、天皇が宇宙万有の調和統一を計られていたから、産物がないためにある国や一部族が困窮するという不幸はなかった。

例え、天変地異により人類ほとんど死滅する様なことがあっても、地球上のすべての木にモチが成ったから生存者が餓死に至る様なことはなかったという。

そして、天皇と大地の霊との関係は、次の様に明確に定まっていたから、人類が天皇を宇宙の中心と信じている限り大地の産物は自由に利用することが出来たのである。

人類が始めてこの宇宙に出現した時、人類の始祖は、先ず人間の住む惑星の地主の霊を祭って感謝の誠を示され、次に地主の霊を祭った祭場に一本の御柱を奉立し、これに宇宙万有を生みなす力（天の神）と、生み成す力の中から出現したすべての物（地の神）を鎮めて、最後に、宇宙の中心天皇の位を祭られた。

しかも祭りの方法は、天の神と地の神を順序正しく祭り、両神の間に差別なく全く同一の神事をもって祭られたのである。

これが、後世伝えられた地鎮祭と大嘗祭の根本となった。

故に、人類が万有を自在に利用することが出来るのは、現身の天皇が、大嘗祭を行なって宇宙の中心点に位されたからで、人間は、天皇を無視してこの宇宙に生存することは許されなかったのである。

ところが、有史以来人類は、天皇を放棄してすべての者が自己中心の生活を営み、勝手に地球上の産物を盗み取って乱用する様になった。当然、地球の霊が怒ってフリーメーソン魔術力と化し、裏切者の人類に報復したものというべきだろう。

そのため地球の霊は、ユダヤ教の神を信ずるユダヤ人を使い、巧妙な手段で全人類の財産を取り上げたのはむしろ当然といわなければならない。

戦後になって、日本天皇が立って御神気を御発動になったから、地球の霊は、喜んで日本人の方へ財産を移したということで、これも極くあたり前の道理である。

これを言い換えると、地球上の産物は、一物一草に至るまで宇宙の中心天皇のもので、人類はただ天皇のものを利用させて頂くに過ぎない。

故に、この世に天皇を宇宙の中心と信ずる人には、金銭は当然ついて回るもので、苦労をして手に入れるものではない。

また大事業を興す人で天皇を宇宙の中心と信ずる人は世界の富をも動かすに至るであろう。ただしこの場合は、ユダヤ人の様に人の恨みを買う様な仕方ではなく、人を喜ばせながら自然に目的を達するに違いない。

天皇の御神気は後「で説明する様に、万有のすべてが、調和統一出来る様に計らわれるという自然の働きと拝察される。

今日、人類は天皇を人間の一人として、万人と平等に考えているため、ほとんどの人は金銭の災いを受け、闘争によって金銭を手にいれなければ生きることが出来ない様に導かれて行く。

そのため、いかなる人でも波乱万乗の生活を余儀なくされ、一時大金を手に入れてもたちまち失い、巨万の財を成しても、わが身一代か子や孫の代でなくなってしまう。

一人の親が死ねば、それまで平和と思われていた家庭が突然修羅場と化し、遺産相続をめぐり骨肉相争って、家庭は崩壊する。

金銭の貸し借りは、一時の情けが仇となって親子兄弟の間柄を裂き親交の関係も断ち切ってしまう。

しかもこれらは、宇宙の中心天皇を知らない人達に対して、例外なく科せられる地球霊の怒りで、けだものの闘争の魂が、人間の心に植えつけられたものと思えばよい。

天皇を否定する時代は、金銭崇拝の霊が荒れ狂う。

この様な時代は、社会を良くする政策や人間の生活ルールも忌み嫌われ、人間を指導するものはただ利得打算だけとなる。

そのため、金銭によって享受出来る物質的快楽だけのために人生の生き甲斐を感ずる様になり、これに付随して、芸能スポーツ界の全盛を来し、人類は滅亡への道を辿らされる。

これまで色々な人に接して見るに、現身の天皇と皇后を心底から尊敬し信じている人に不幸な人は見かけない。地球の霊は、この様な人を守り金銭に苦しむことのない様に取り計らってくれる。

本来金銭は求めるものではなくて、自分の職業を、天皇から与えられた天職と心得た時自ずからめぐって来るという。

「今日一日、自分の使命全うに必要な金があれば長者の暮しである」とある人は言っていた。金銭はその人の徳（天皇に対する誠心）について回るもので、努力によって得た金銭は必ずなくなってしまう。

天皇を否定する金銭崇拝の時代において、真に幸福な人は、他人に負けることを問題にせず、常に長上を敬い人の下についている。

しかし、時代が天皇中心となれば、隠れた人達の子孫がそろって立ち上がるであろう。

現代の様な金銭崇拝の時代では、公害の究極の元祖は、金銭であるといわなければならない。

一一、常に公害を生み出す「三S政策」

戦前から、フリーメーソンの三S政策についてよく聞かされて来たが、戦後は全く陰をひそめ、出版物の中にもこれを取り上げるものは皆無である。

何故だろうか？

敗戦後の日本人は、ことごとくフリーメーソンの三S政策（セックス・スポーツ・スクリーン）によって洗脳され、ひたすら、日本の国が魔術力に呑み込まれるための準備に熱中していたのである。

日本人が全世界から金持ちの馬鹿者扱いにされ、天皇がお作りになった靖国神社に、一国の首相が参拝することまでも遠慮しているという、あきれ反った人間の集まりが戦後の日本国であった。

これで日本国も滅亡間違いなしと判断したフリーメーソンが、日本乗っ取りに着手したのが平成に入ってからで、湾岸戦争の時、日本の国はフリーメーソンの手下として働かされ、戦争遂行の費用はすべて日本が支払わされている。

しかし平成四年一月、天皇の御神気が発動されることによって、フリーメーソン魔術力は一瞬にして消滅してしまった。

この様に考えると、それからの日本人は、直ちに立ち直れるはずであるが、残念ながら日本人自身に自覚がないため一向に立ち直る気配がない。

平成十二年になって、ここ一両年の日本人の荒れ模様を見ても、家庭暴力、学級崩壊、少年の凶悪犯罪、殺人強盗、詐欺横領はありふれた事になり、警察の力も頼りにならないので自らの力で身を守らねばならぬ時代になってしまった。

たとえ病原菌発生の本を断っても、一たび病気に侵された身体は、これを治さぬ限り、周囲の人に菌は広がって行く。

フリーメーソンの三S政策とは正に病原体であって、日本人が自らこれを治療せぬ限り、たとえフリーメーソンからの影響がなくても、日本人自らの手で国を滅ぼすに至るであろう。

それでは、フリーメーソンの描いたセックス、スポーツ、スクリーンとは一体いかなるものだったのだろうか。

フリーメーソンのいうセックスとは、ただ性欲や性行為のことをいっているのではない。それは、人間を獣類化するための手段であって、人間に男女間の道を誤らしめ、全人類を家畜として扱うための前提であった。

次に、フリーメーソンのスポーツとは、ただ運動競技のことをいっているのではない。それは人間に闘争心とギャンブルによる理性の喪失によって人類をけだもの化するのが唯一の目的であった。

次にフリーメーソンのスクリーンとは、ただの映像を指しているのではない。それは、公共の場にみだらなセックスと過激なスポーツを映し出すことによって、人類のすべてに、青少年の頃から家畜になる訓練を施すにあった。

まさかと思われる人は、先に御紹介した「シオン賢哲の議事録」によって理解されたいと思う。

「われわれは非ユダヤ人の青少年を愚昧にし、誘惑し、堕落せしめた。

われわれがこの目的に達したのは、青少年の教育を誤れる原則と教説との上に樹立したためであって、われわれは、これ等の原則と教説との偽瞞性をよく承知していながら、なおそれらを適用せしめたのである」

フリーメーソンのセックス、スポーツ、スクリーンがすべて右の方針に基づいて営まれて来たことを念頭におかなければ、今日に見られる性の解放、凶悪犯の激増、青少年の堕落について何一つ語ることは出来ない。

「彼等（非ユダヤ人）が自分で何かを考案せぬように、われわれは、享楽や遊戯や音楽や性慾や民衆倶楽部等の方面をあおって誘導しなければならぬ。

これによって、大衆の頭をその方へ外れさせねばならぬ。

なお、やがて新聞の力により、芸術や各種のスポーツによる競争を提議するつもりである。これ等の興味は、われわれが非ユダヤ人と戦わねばならぬ諸問題から、彼等（非ユダヤ人）の注意をそらせてゆくのである。

かくて、だんだん独創的思索の習慣を離れた世人は、われわれに共鳴する事になる。

如何となれば、われわれのみ新思潮の煽動者となるからである」

故に、フリーメーソンの三S政策は、人類が世界の平和を保つべき諸問題から関心をそらさせ、フリーメーソンの家畜として従わせるための、最も重要な秘策だったのである。

３S政策の一つ一つについて、これが如何に恐るべき結果をもたらしたかについて、再検討を試みたいと思う。

「セックス」について検討して見たい。

「非ユダヤ人の頭の中から神霊の観念を奪い取り、その代わりに、個人主義的打算的利欲と、肉体的享楽主義的欲求とを植えつけねばならぬ」との方針は「セックス」の場合はそのまま適用されるであろう。

宇宙に充満している、因果応報の霊的作用を無視して、自己一身の打算から男女間のみだらな性交にふけり、人間同士の愛憎による堕落と闘争を盛んにするということである。

また、一定の夫に対して貞操の義務をなくすることと姦通罪を取り除くことによって、家庭は完全に破壊し、この様な欠陥家庭から必然的に非行少年や非行少女が育てられる。

もし、この宇宙に霊が存在することを知っていたならば、自分の魂が家庭の崩壊と共に永久に苦しまねばならぬことを覚悟すべきであろう。

「セックス」の真の目的は、性を解放することによりすべての家庭を崩壊させ、この様な欠陥家庭を通じて子供を簡単に獣化させるところにあった。

次に「スポーツ」について検討して見たい。「スポーツ」は相手を打ち負かすことによって最高の快感を味わうもので、殺伐な血を見る闘争よりも面白く、また、第三者の立場でも楽しみながら自分の好む方を応援することが出来る。これを健全娯楽というのは無知な人間をたぶらかすもので、スポーツにより、人間の頭脳は感情に支配され易くなり、自ずから動物的闘争心を身につけてゆく。

人間を獣化する最も近道はスポーツの悪用にある。

スポーツの悪用とは、競争の勝ち負けに賞金をかけることで、スポーツの賭博化に対する人類の好奇心は、そのまま神の選民に支配される奴隷の生活にあこがれる結果となろう。

最後に「スクリーン」について検討をして見よう。

映画の弊害はこれまでうんざりする程知らされてきた。

現代において「スクリーン」とは、テレビ映画その他インターネットによる映像全体が含まれる様になった。

人類はこれらの映像でもって高度な現代文化を誇るが、誠に浅薄な考えで、この陰に幾十億の人間が飢餓に苦しんでいる。

先進国の文化が進めば進む程、後進国との格差がはなはだしくなり、先進国は後進国の犠牲の上に立って、益々高度な文化を求めて行く。

かつて映画の時代は、人間の獣化教育に奉仕していたが、テレビが家庭に行きわたってから青少年の堕落と国家の統一を損なう思想教育に費やされていた。

フリーメーソンの最後の望みは、日本征服と第三次世界大戦の後インターネットを通じて世界人類を霊導し、フリーメーソンによる世界連邦を樹立させるにあった。

今日のインターネットは、フリーメーソン魔術力の最も期待していた人類支配の道具であったから、これには魔術力の執念が秘められている。

恐らくこれからの使用について自己の野望のために利用する時は、狂った情報が飛び交い社会の混乱を益々助長するだろう。

「スクリーン」の害悪は、偽りの思想教育よりもさらに恐るべき、人間の想像も及ばぬ霊の世界にあって、次の結論に到達せざるを得ない。

スクリーンはことごとく偽りの映像であるから、これに目をやって脳を使うということは、偽りの世界に自分の全身全霊を没入するもので、人間の本性を失わしめて、自然に魂を獣化させるのが本来の目的であった。

三S政策はフリーメーソンが後世に残した人類最大の病原菌で、セックス、スポーツ、スクリーンの人類獣化政策は、たとえ魔術力の本体が消滅しても永久に残るであろう。

故にこれまでのセックス、スポーツ、スクリーンを人類永遠の平和に役立てるためには、宇宙の中心天皇の御神気に守られた運営方針に根本から改める必要がある。

かつて日本の国は、今から一三一四年前、天武天皇が崩ぜられた年、大津皇子の部下が日本征服を企てた百済系陰謀の首魁を斬殺して陰謀の発生源を断つことが出来た。

しかし、たとえ陰謀の首魁がなくなっても、陰謀組織の生き残りによって作り上げた古事記・日本書紀の天孫臨思想が災いして、遂に日本は敗戦に追いやられてしまった。

これと同じ様に、たとえ平成四年フリーメーソン魔術力の発生源が消滅しても、魔術力の残した自由平等の三Ｓ政策が存在している限り、人類はこの公害によって獣化人間の製造を余儀なくされるだろう。

第二章　公害を生かす

一、太古の思想と歴史を抹殺した宗教と学問

今日太古の思想といっても、人間が猿の様な原始生活を営んでいた時代に思想などあるわけがないと思う人が多い。

また原始時代の歴史といえば、猿に近い人間が二本足で立つ様になり幼稚な道具を作り始めて進化の道を辿ったという程度しか想像がつかないのである。

人類文明の始めといわれるメソポタミアの地から楔形文字の粘土版が多量に発見された。これには当時の文明がいかにすばらしいものであったかを克明に記しているが、この様な文明を築き上げた過去の経緯については一切抹消している。

最古の神話では次の通り、いかにもメソポタミア文明が此の世の始めに作られたごとく偽りを記していた。

「この世のはじめに、まず天と地がふたごのように生れた。次に天神アンと神々の集団がつくられた。次には母神から多くの女神たちが生まれた。

天と地が切り離され、地上にはティグリス川とユーフラテス川が作られ、そのまわりには多くの運河が掘られた。

ティグリス川とユーフラテス川には堤防が作られ、シュメールの国土は秩序正しく出来上がった。

天上には大神たちと、神々が座ってこれから何をしたらよいかと話しあった。……」

この様に、神の力でメソポタミア文明が突然生れた様に記し、過去の王朝の記録をすべて欠いているのは、何等かの目的のため、故意に過去の史実を抹殺したものといわなければならない。

またこの様な過去を抹殺する風潮が全世界に広まり、今日残されている神話がことごとく同じ様な傾向にあるのは、必ず、当時の世界に思想の大変革があったことを物語っている。

日本には、かつて全世界の人類の魂を祭る皇祖皇太神宮別祖太神宮があって、神宮の神主を勤めていた竹内氏の子孫が、昭和初期に始めて公開した皇統系譜には、当時の世界思想大変革の史実が克明に記されていた。

すなわち、俗に人類文明の始めを物語る今から五千年前の記録は、すでにそれ以前の太古の思想と歴史を抹殺したもので、メソポタミア文明そのものが、偽りの歴史から出発しているといわなければならない。

しかしこの偽りは全世界のすみずみにまで徹底され、特に、太古以来世界の母国であった日本の国は、何物かの力によって偽りの標的にされてしまったのである。

この様にして、全世界の思想と学問が偽りに偽りを重ねて二十世紀に至り、遂に、平成四年になって天皇の御神気が発動され、ようやく過去の偽りが明らかにされることになった。

日本では、平成四年から青森県三内丸山遺跡の発掘が始まり、当時の遺物によって、五千年前の縄文時代の文化が、これまでの知識と全くかけ離れて高いものであったことが明らかにされている。

偽りの歴史では、日本の古代が未開で、狩猟と採集に頼る生活をしていたと信じられていたものが、一躍、メソポタミア文明に比すべき見事な文化が存在していたという。

また、皇統系譜には太古の思想が明確に示され、人類が他の天体惑星に住んでいた頃から、宇宙構造の原理が知悉されていたことを整然と記録に残していた。

しかもそれは、一つの図式で簡単に表示され、この図式から人類の使用する言葉と文字と数は勿論のこと、これからあらゆる記号が案出されている。

例えば、今日全世界に存在するすべての古代文字は、このたった一つの図式から描き出されているため、文字は決して稚拙な絵模様から進化したものではないことが証明された。

この動かすことの出来ない実証によって、人類進化を物語る有史以来の学問は、すべて偽りであることが明らかにされる。

先にも触れた様に、メソポタミア文明の楔形文字は、太古天皇御作のヒラカ文字の一種で、教官によって教え広められたものである。

このことは、メソポタミア文明以前に天皇統治の歴史があったことを証明するものであろう。

また、一八九六年ノーベル賞金を設定したダイナマイト発明者ノーベルは、歴としたフリーメーソン結社員で、この賞を受賞した物理学・化学・医学・生理学・文学・平和事業に貢献した人達は、すべてフリーメーソンに協力させられたに過ぎない。

すなわち、人類の歴史はメソポタミア文明以来、今日に至るまで、あらゆるものが偽りの上塗りに過ぎず、人類永遠の平和には何一つ役立っていないのである。

例えば、現代の知識では最も正しいと判断される科学も一歩宇宙の真実から検討すれば、全部霊の存在を否定した偽りごとといって過言ではない。

有名な相対性原理の発見者アインシュタインも、歴としたフリーメーソンの魔術師であったからには、その科学的原理もフリーメーソンの目的に合致したものである。

このことは、人類がこれまで真実と思っていた天文学の知識、宇宙の年齢その他人類の歴史全般について、思いがけないからくりが秘められ、実際は全く違ったものであったことが想像される。

皇統系譜には、宇宙の年齢や人類の歴史について幾千億万年の年数を掲げ、天皇の御寿命も太古は幾億年の永きに及んでいたことが詳述されている。

何しろ太古の人達は、現代人と比較にならぬ位高度な知識を有し、自ら宇宙に充満する粒子を変換して天体を自在に飛び歩いていたから、人類の天体移動は容易な業であったという。

これを聞いて頭から問題にしようとしないのは、オーム真理教の信者が教祖の知識以外を信ずることが出来なかった様に、有史以来の偽りの学問にマインドコントロールされているためである。

大体科学の最も大きな偽りは、霊の存在を否定したことで、人類をして霊の存在を無視させるために、あえて科学という偽りの学問を作り出したといって差し支えはない。

科学を世に広めたフリーメーソン結社員の科学者は、何れも魔術力の霊力を信じている最も信心深い人達であった。

自ら霊の存在を信じている多くのフリーメーソン科学者が、あえて霊の存在を否定しているのは、人類を家畜化するため、偽りを広めなければならない立場にあったからである。

有史以来、学問は理論的に天皇の御存在を否定したが、宗教の場合は直接天皇を否定して、天皇の御名を言葉に発するだけで死刑に処せられたという。

例えば、釈迦の述べた妙法蓮華経の内容は、すべて天皇のことを仏や如来の名で表わしたが、実の天皇名を述べることは不可能であった。

メソポタミア文明では、天皇を表わす太陽の神が、一戦士によって刺し殺されている状況を刻みつけた粘土版が多数発見されているという。

何しろ、旧約聖書を見ても人類の祖先は罪深きものと定められ、人間が祖先から手を切って神に帰一する様にすすめている。

太古以来、祖先の大元は天皇から分かれ出ているため、祖先を罪深きものとしてこれから縁を切らせることは、天皇否定の宗教にとって何より大切なことであった。

二、宇宙の中心を確立していた太古の実像

太古宗教と学問がまだ発生しなかった時代は、悠久の年代にわたって高度な文化が栄え、人類は天皇を中心として世界一家同胞の楽しい生活を営んでいた。

太古において天皇に対する考え方が正しかった時代は、宇宙全体を表わすのに天地という称号を用い、天とは宇宙万有を生みなすエネルギーをいい、地とはエネルギーの中から生み出される宇宙万有のことであった。

したがって、天皇が宇宙の中心点に立たれる儀式を大嘗祭と名付け、天の神と地の神を祭るため、一つの神殿で順序正しく神事が行なわれたのである。

天皇が宇宙の中心点に立たれるといっても、現代人には何のことかさっぱり分からないと

思うが、以下順を追って説明しよう。

今日、霊を否定した偽りの科学から説明される宇宙観は「無」の中から突然宇宙が出現し、爆発することにより今日の宇宙が出来上がったといわれている。

しかし、太古の宇宙観はこれと全く逆様で、エネルギーの中心点という「有」の存在から、初めて膨張力（陽）と集結力（陰）の二つの力が分かれ始める。同時に回転運動をしながら球状の穴が開き、中から粒子がむらがり生じた。これが宇宙の芽生えであるという。

この様に、現代の宇宙観と太古の宇宙観が異なるのは、宗教と科学が、過去の宇宙観を否定するためにわざわざ逆様を説いたものである。

そして、宇宙の母体であるエネルギーの中心点のことを、太古は「大祖根天皇尊（おおおやねすめらみこと）」と申し上げ、天皇をもって宇宙の中心点に定められていた。

故に、天皇否定の宗教と学問では、宇宙の母体である中心点のことを故意に抹殺し、あるいは中心点と天皇との関係を分からぬ様にしてしまった。

さて、宇宙が芽生えると、この小さな球状の穴宇宙はたちまち膨張拡大しながら粒子を生ぜしめ、風船玉のような第一次の希薄な大宇宙へとふくれ上がって行く。

ところが、この第一次宇宙に自ずから集結と膨張の作用が備わり、宇宙の中心部から星雲—恒星—惑星—粒子—エネルギーの順に、第二次の宇宙が生み出されて行ったのである。

そして宇宙の万有が出そろった時、これを調和統一するため、宇宙全体を統御する力が出現し、さらに宇宙全体を育成する力が出現した。

太古において、宇宙全体を統御する力のことを現身の天皇の位に定め、宇宙全体を育成する力のことを現身の皇后の位と定めたのである。

以上の宇宙生成の過程を、十段階の図式で表わしたのが宇宙構造図で、太古においては全世界の王室に知らされていた。

宇宙生成の十段階の図式は別表（図1）の通り表わされている。

図1、（宇宙生成の十段階の図式）

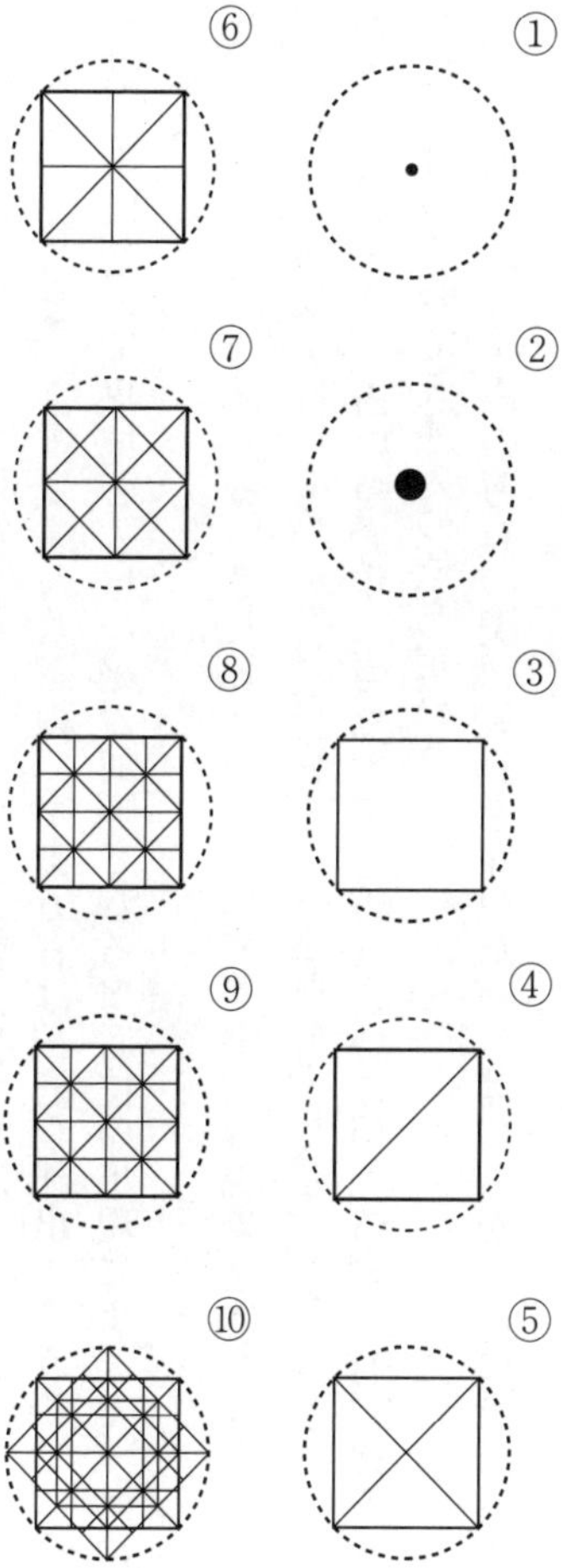

宇宙生成の十過程は宇宙十柱の神と申し上げ、大嘗祭の祭神に定められていた。

この図式によると、宇宙生成の八過程で宇宙万有は一応全部出そろうことになるが、さらに九段階と十段階の天皇位と天皇に絶対随順される皇后位の出現によって、始めて宇宙が完成することになる。

これまで、宇宙の八神あるいは八卦という名称で、宇宙の現象全体を表徴していたが、これを調和統一する現実の中心点がなければ反って混乱状態におちいるであろう。

そのため八卦では、占いの操作に当たって筮竹（占いに用いる細い竹の棒）を天策と地策と人策に分け、これで天地人の位を定める。

これは天地という宇宙の万有の調和統一を保つためには、人がいかに大切であるかを表わしていた。

故に、天皇を無視した占いは私利私欲のために社会を害するもので、占いは中国三千年の動乱を生んだ基ともなっている。

天地人の中で、人が中心であることを文字で表わしたのが「三」という古代文字で、間の一を抜き取った「二」は天地を表わし、中央の「一」は人を表わしており、天地人そろって初めて宇宙全体が完成したという。

故に「三」には多いということと終わりという意味が含まれている。

もう一つ重要なことであるが、「三」という古代文字を突込んで調べて見ると東方という意味があって、太古東方の天皇が、天地万有を調和統一しておられたという思想が残されていた。

何故東方が天皇を表わしているかというと、これも「東」という古代文字を調べることによって明らかになるであろう。

古代文字の「東」の字形は別表（図2）の通り、上下の両端をしめくくった袋の形を示していた

図2、（古代文字の「東」の字形）

（甲骨文字）

（金文）

この文字の形は、宇宙全体を締め括った宇宙構造図を表わしたもので、天地万有をしめくくっている形によって天皇の位を表わしている。

すなわち「三」と「東」という古代文字の意味は、天皇が天地宇宙を締めくくられるという意味で全く同じであったということになる。

勿論「東」の字を普通に解釈しても、東は日の出る方角で日の本を指しており、また主人の意味があるから日本の君主、すなわち天皇のことを表わしていた。

どうして古代中国に太古日本の天皇のことが詳しく伝えられているかというと、先にも一寸触れた様に、中国の文化を開いた伏羲神農両氏が今から六六九〇年前に日本に渡来して、太古の文化を学んでいったからである。

その他、古代中国の河図洛書、古代文字その他すべての記号に、宇宙の中心天皇のことが明らかに示されているから、有史以前の太古の実像は、中国の残した右記録より詳細に知ることが出来るであろう。

三、調和統一の原理を表わす大嘗祭

平成二年行なわれた大嘗祭は、憲法の政教分離の原則から、天皇家の私費である内廷費から支出するか、皇室の公的経費である宮廷費から出すことが出来るかで議論が続けられた。日本の政府および宮内庁が、大嘗祭という人類全体の運命にもかかわる最も重大な儀式について、何一つ知らないということである。

平成二年といえば、まだフリーメーソン魔術力の健在な時代であったから、日本の国全体が魔術の霊的支配に踊り狂っていた時で、神殿の造作もお粗末な限りであったという。

大体大嘗祭とは、現身の天皇が御自ら天地万有の神々を祭り、宇宙の中心点としての位に即かれる儀式で、太古は大嘗祭が行なわれてから、世界の王者を参列させて即位式が行なわれた。

現代人は、偽りの科学のため霊の存在を否定してしまったから、宇宙全体の霊を統御する宇宙の中心というものが、如何なる御神気の力であるかを知ることは出来ない。

万有はすべて、中心点があって始めてそのものの存在が可能である様に、人間の心の中心点が定まっていなければ、自分自身が何のために生きているのか分からぬであろう。

皇統系譜によると、人類が初めてこの宇宙に出現した時、始祖の女神に対して、宇宙の母体である中心点から宇宙全体の調和統一を計る無限の力を与えられた。

宇宙の中心点に備わる力が、突然始祖の女神に乗り移り、始祖自らの念の力で、必要なものを自在に生かしたり変えたり滅ぼしたりすることが出来たのである。

始祖は、宇宙の中心点の力を身につけて真っ先に自覚されたことは、人間の住む惑星の霊に対して、人間が住まわせて頂いていることを感謝することであった。

そのため一定の地域を限って祭場に定め、御柱を立てて、これに惑星の霊をかたどる動物の一種を祭られたのが始めで、後にこれを地鎮祭といったのである。

地鎮祭が済むと、次に同じ祭場に心御柱を立て、これに宇宙万有を鎮め祭りを行なわれた。

宇宙万有を祭る方法は、始めに天の神（エネルギー）を祭り、引き続いて地の神（宇宙万有）を祭る。そして、最後に宇宙の中心天皇の位を祭るというものであった。

何故女神が天地の神を祭られたかというと、女神が天地万有に対して心身一切を献ずるという無限の謙虚さと絶対の無私がなければ、宇宙の中心になる資格がないとの御決意を示されたためと拝察される。

故に、女神は天地奉祭の神事を行なうことによって、万有一切を作り成す力が不変のものとなり「造化造美乃長官（ものつくりつくりみのつかさ）」と申し上げた。女神は宇宙の調和統一を永久に維持するため、天地奉祭の神事を御自分の直系の御子孫が継承することに定められた。

ここに始めて、天皇として天地奉祭を継承されたのが他の天体惑星において即位された国万造主大神身光天皇（くによろずつくりぬしおおかみみひかりすめらみこと）で、その後、万世一系をもって今日の明仁天皇に継承されている。

故に、現身の明仁天皇は、宇宙の母体である中心点の位をそのまま現実に引き継がれたお方で、天津日嗣天皇（あまつひつぎすめらみこと）と申し上げ、過去のすべての天皇は、現身の天皇を守護されるお立場といわなければならない。

日本はメソポタミアから亡命してきた天孫族に皇室祭祀を乱され、現身の天皇が天津神の御子であるという天皇否定の思想で塗り固められてしまった。

天皇が天孫であった期間は、宇宙の調和統一が破れ、世界はフリーメーソン魔術力のため、戦乱に戦乱を重ねて人類滅亡の瀬戸際に立たされる様になっていたのである。

ところが、平成四年魔術力が消滅し、天皇が宇宙の中心にましますことが明確にされてから、世界はようやく調和統一の方向に動き出した。

現身の天皇が宇宙の中心として確立されると、宇宙万有はことごとく平和統一に向かうという原理は、太古以来九宮神を祭る法として図式で明示されている。

その図式は、天皇が行なわれる天地奉祭（大嘗祭）の御精神をそのまま表わしているもので、皇統第十三朝天之常立男身光天津日嗣天皇がお定めになり、その後世界一般に知られる様になった。

九宮神を祭る法を、簡単にアラビア数字で表わしたものが魔法陣といわれ、（図3）今日では世界一般の常識となっているが、その源は、日本から万国の王室に伝えられたものである。

魔法陣は、宇宙万有を一、二、三、四、五、六、七、八、九の数で表わし、天皇の位を表徴する五の数を中心に定めて、八方位に一二三四六七八九の数をうまく配置すると、全体が完全に調和統一の状態になるのであった。

それは、五を中心として縦、横、斜めいずれから合計を計算しても、同じ様に十五の数に統一される。

例えば、世界に散在する人種がいかに違った生活環境にあっても、天皇が宇宙の中心として確立されている限り、すべての者が、自ずから平和に生活が出来るということであった。

この様な大嘗祭の真精神を表わす図式であったから、太古の王室は常識として知っていたものである。

図3（九宮神を祭る法と魔法陣）

九宮神を祭る法

南

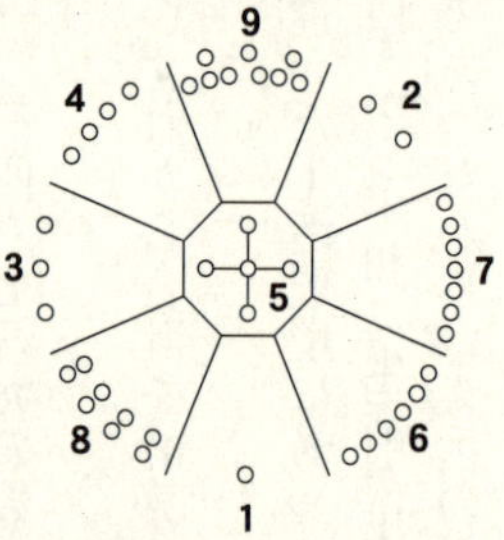

北

右図は、天皇が世界を統治されていたときの太古以来の大嘗祭を表わす図式で、今日では形を変え、魔法陣として一般に知られている。

魔法陣

南

4	9	2
3	5	7
8	1	6

北

元々人類は太古天皇から分かれ出たもので、万国の王者は、天皇の御子達が世界各国に派遣されていたものである。

ところが、天皇否定の宗教と学問が発生してから、各国の王室は戦争や内乱革命のため、自ずから国王の地位を退き、影をひそめることになってしまった。

そのため、九宮神を祭る法に秘められた大嘗祭の意義も失われ、ただ不思議な数合せの図として、魔法陣の名を残したものである。

日本において、九宮神を祭る法を石造りの神殿で作り、大嘗祭の時に鎮魂祭を行なっていた忌部氏の遺跡が、四国徳島県の美馬郡に残されている。

それは磐境明神の五社三門で、日本にある他の多くの神殿とその構造が全くちがっていて、神域は次の様に仕組まれていた。

鳥居をくぐって百五十七段の石段を登りつめたところに、石積みによる方形の囲いがあり、その囲には三ヶ所の門があって奥に石造りの五つの神殿が設けられている。

そして、鳥居、石段、石囲い神門、神殿の数をうまく組み合わせることによって九宮神に必要な一、二、三、四、五、六、七、八、九の数と、合計の十五の数を表わす様に仕組まれ、大嘗祭の真髄が示されていた。

五社三門の解説について詳細を知りたい方は、別著「『竹内文書』が明かす超古代日本の秘密」（竹田日恵著・日本文芸社刊）を御参照下されたい。

四、宇宙の調和統一に任じられた日本天皇

宇宙の調和統一を計るというのは、如何なることをいうのであろうか。

今、一本の紐の端に重りをくっつけ、他の端を指でつまみながら手首を軸にして重りが周辺を回る様にすると、重りは一定の円周を描いて正しく回る。

この時、重りは中心に向かって引き寄せられる力と、外に向かって飛び離れようとする二つの力がつり合っている限り正しく回って行く。

この時には回転運動を行なう人が、常に重りを中心の方向に引き寄せて、重りの回転を正しく保とうとする心の働きがなければならない。

これと同じ様に、この大宇宙には、宇宙全体の回転を保ちながら膨張を続けようとしている働きがある。

しかも、膨張と集結の二つの力によって生み成された万有に、求心力と遠心力が働いて全体の調和統一が保たれているのであるから、この力も、大元の中心点から与えられたものといわなければならない。

ところが、今ここに突然宇宙の中心点がなくなれば、必然的に万有は分離し周辺に飛び散ってしまうのである。

現在の宇宙の膨張は、全体の調和統一の上に立っての膨張運動で、単にビッグバンという

様な爆発的分散ではない。その証拠に万有はすべて自転と公転から成り立っているではないか。

宇宙の中心天皇のお立場は、この宇宙全体の中心点の力を引き継いでおられるため、天皇の御存在は絶対であって、人間の力ではどうすることも出来ないものである。

天皇の御存在は、形こそこの宇宙の無限分の一にも及ばないが、天皇の御神気は宇宙全体を包合し、万有一切に浸透しているもので、有史以来の人類は、これを感知する能力を失ってしまった。

それでは、太古天皇が、宇宙の調和統一を維持するためいかなる方法を講じておいでになったかを説明して、太古の常識の一端を明らかにしたいと思う。

宇宙の中心点の位を授けられた人類の始祖は、第一番目にお生まれになった御子に宇宙統御の力をお譲りになった時、御子が始めて、天皇のお立場となって天地奉祭の神事（大嘗祭）を行なわれた。

これに先立って、天皇の御弟君である天日万言文造主神に、宇宙構造の原理を示す図式を作る様に命ぜられ、天皇御自ら、この図式に基づいて、天地万有の神々を表わす五十一音五十一文字をお作りになったのである。

そして、天地奉祭の神事を行なうにあたっては、天皇御自ら天の神と地の神に万有神をかたどる五十一音を奉唱して、宇宙の中心点の位に即かれた。

その後の歴代天皇は、必ず大嘗祭の時に万有神を表わす五十一音を奉唱され、言葉と文字の力を用いて宇宙全体を自在に操作されたのである。

なお、人類が他の天体惑星に住んでいた頃は「ウオイエア五十一音」を用いていたが、この地球に移住してから「アイウエオ五十一音」に改められた。

日本では、仏教伝来以降過去の歴史が徹底的に抹消され、日本の古代に文字がなかった様に伝えられて来たから「アイウエオ五十一音」も平安時代になってから作り出された様に偽り伝えて来たのである。

実際は「アイウエオ五十一音」こそ、地球に降臨された皇統第一朝天日豊本葦牙気皇主天皇が過去の五十一音順を改定されたもので、その後の歴代の天皇は、この五十一音順で文字をお作りになった。

さて時代はさかのぼって、宇宙の中心天皇は新しい天体に移動される時、必ず人類の住む惑星に対する特定の恒星と衛星をお定めになったのである。

そのため、人類の住む惑星を地球と名付け、新しい恒星（太陽）と衛星（月）を移動させ、予め定められた暦に従って、一定の日時で動く様に調整された。

故に太陽、月、地球という呼び方は、この地球に定着してから作られたものではなく、他の天体惑星に住んでいた頃から、別の恒星や惑星や衛星に対しても同じ称号を用いられていたのである。

三種の神器の一つである曲玉は、後世のいう様な仁を表わす神器ではなく、天皇が宇宙の中心として天体を動かされるための暦を表わすもので、大玉小玉勾玉管玉が組み合わさって出来ていた。

また天皇が「アイウエオ五十一音」を天地の神に奉唱されることによって、宇宙万有が調和統一の常態になったのである。

そのため、太古から六月と十二月の末日には天皇の御身代わりの祭官が天津祝詞の太祝詞事（アイウエオ五十一音）を奉唱し、天下万民の罪けがれを祓い清められた。

しかし、天皇否定の思想が世界に広まってから、天津祝詞の太祝詞事とはいかなる内容のものか忘れ去られ、要の抜けた空しい大祓詞が唱えられている。

一般に大祓詞は、文武天皇の大宝律令で定められたものの様に伝えているが全く偽りで、実際は今から三四二九年も前に存在していた。

皇統系譜によると、皇統第二十六朝六十九代神足別豊鋤天皇即位二〇〇年、モーゼが日本に渡来して祭祀を学んでいったから、大祓詞にある国つ罪の内容が、旧約聖書のレビ記に詳細に説明されている。

ただし、レビ記では、罪けがれが天皇の御力によって祓い清められるとは表現せず、ユダヤの神によって裁かれる様に偽り記してしまった。

戦後、六甲山中から発見された「カタカムナ神」の古代文字の記録に、太古の人達は粒子の変換が自在であったことを明らかにしている。

皇統系譜では、太古から天候を操作する官職があって、天皇の命により、必要な時必要な場所の天候を自在に変えていた。

また、人類が他の天体惑星に住んでいた時から、天皇の御長命を祈る官職があって、天皇の御寿命を幾億年にも延すことが出来たという。

記録によれば、皇統第二十三朝天之忍穂耳天皇が、即位百三十三万年に崩御されたことに対して「まことに若き年にて日の国へ神帰る」と記されている。

ただしその頃にはすでに、天皇の御長命を祈り奉る官職がなくなっていた。

その後、人間の寿命は急速に短くなり、ついに、神勅により二千歳以下に短縮されてしまったのである。

今日よく恐竜が死滅した原因について、色々な憶測がなされているが、皇統系譜によると、度々害獣を殺したという記録があるから、恐らく、念力で動物を一度に殺すことの出来る者を、世界に派遣されたためであると考えられる。

人類は悠久の年代を通じて、現身の天皇が宇宙の中心にましますことを信じている限り、人間は長命で安心して生業に励むことが出来た。

五、太古人類の文化はすべて日本より発していた

太古世界が、宇宙の中心現身の天皇によって統一されていたことは、全世界の古代文字が、宇宙構造図から描かれているという動かすことの出来ない事実によって証明される。

もし、現代言われる様に文字が文化を代表するものとすれば、文字を生み出した日本こそ、文化の源であるといわねばならない。

事実皇統系譜によれば、文字が日本から世界に普及された年代や文字の種類が明らかにされている。

初めて文字が普及されたのは、メソポタミア文明よりも古く今から一万七一六四年前で、皇統第二十六朝二十五代富秋足中置天皇即位一七一年、皇子皇女三一名に命じて、万国の王者に神人像形文字七十種類を普及せしめられた。

この記事は、世界の王室に文字が初めて解放されたことを示すもので、その後四度にわたって、全世界に教官を派遣し文字が普及されている。

メソポタミアに文字が普及されたのは三度目の時で、今から四八四〇年前に、皇統第二十六朝六十四代豊日豊足彦天皇は、皇子二十一名皇女四十三名を文字普及のため世界に派遣された。

その時、紙と墨、ヒラカ文字およびヒラカを作るロクロが普及されている。

ヒラカ文字の一種楔形文字も太古天皇のお作りになった文字で、皇統系譜にはこの種の文字に似通ったものが多く掲げられている。

文字は、教官によって世界の王室に伝えられただけでなく、中国からは、伏羲神農両氏が今から六六九〇年前に日本に渡来して、三十六年間にわたり祭祀その他文化全般にわたって学んでいる。

この時、彼等の習得した文字制作の九字の術事は洪範九疇として伝えられ、甲骨文字・金文・篆文の文字となって今日に残されている。

洪範九疇とは、殷の箕子が周の武王に教えた天地の法で、もと夏の禹王の時、洛水から亀が背負って出た文書といわれているが、これは全くの偽りで、文字制作のための宇宙構造図のことをいう。

洪範九疇の四字を裏面から解明すると「天地和合図（宇宙構造図）を九つに分けた図式」という意味で、宇宙構造図に九つの使用法があるということになる。

それでは、九つの使用法とはいかなるものであろうか。

宇宙構造図は大別して正形使用法、斜形使用法、重形使用法の三つから成っている。

さらに正形、斜形、重形の各使用法をそれぞれ三つの使用法に分けると、九つの使用法が生れるので、太古ではこれを九字の術事といった。

そして、全世界の古代文字はすべて宇宙構造図から描き出されているが、必ず九つの使用法の内何れかを使用している。

そのため、世界の古代文字の原字を理解するためには、どうしても九つの使用法を知らねばならない。

次に宇宙構造図の九つの使用法を掲げ、これから描き出された世界の古代文字の各一例を別表（図4）に掲げて見よう。

元来、古代文字は、天皇が御自ら宇宙全体の主宰者として万有を生成されることを表わすもので、古代の天皇は即位されると、必ず御自ら新しい文字を作られた。

これは、天皇が宇宙万有の神を表わす文字を、宇宙構造図から描き出されることによって、御自ら宇宙の中心的御存在であることを御自覚されるためで、文字の御制作は太古以来の鉄則だったのである。

この鉄則も、今から一七四〇年前孝霊天皇即位三十一年、御自ら日本形仮名イソヒ字をお作りになったのを最後として、その後天皇御自作の文字はない。

図4（宇宙構造図の九字の使用法）

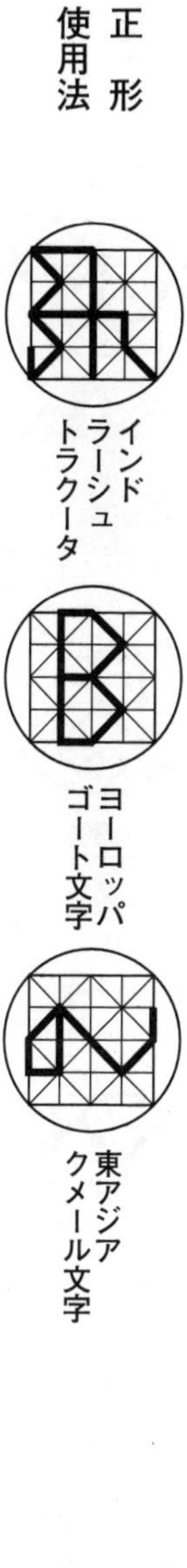

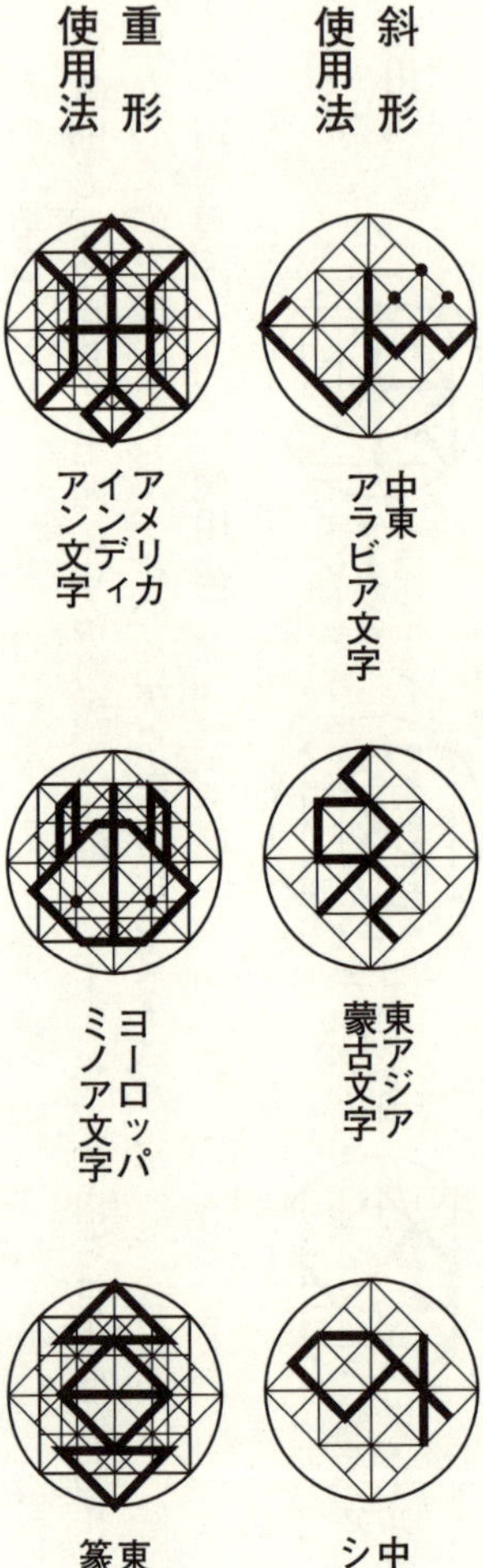

なお現在日本人の使っている「カタカナ」は、今から二九七一年前に即位された皇統第二十六朝七十一代天照圀照日子百日臼杵天皇がお作りになった。
勿論、天皇のお作りになったのはアイウエオ五十一字であったが、今日では四十八字になった。
したがって、これまで「カタカナ」は、称徳天皇の頃吉備真備が作ったというのは、日本学者の妄説である。
太古人類の文化が、すべて日本より発していることを証明する残存遺物は、限りなく現存しているが、天皇否定のマインドコントロールに踊らされていた人類は、その一物をも理解することが出来なかった。

これからは、あらゆる文化について、一つ一つ太古の思想に照らし合わせ、再検討をする必要があると思う。

六、天地と人間は不離一体

太古人類は、天変地異が起きたとき、必ず人間の心が悪くなったためであると自覚した。

旧約聖書にも「主は、人の悪が地にはびこり、すべてその心に思いはかることがいつも悪いことばかりであるのを見られた。

主は、地の上に人を造ったのを悔いて、心を痛め『わたしが創造した人を、地のおもてからぬぐい去ろう。人も獣も、這うものも空の鳥までも。わたしは、これらを造ったことを悔いる』と言われた」と記している。

勿論、旧約聖書は、モーゼの主旨を逆様に記したもので信用するに足りない記録であるが、天変地異に対してだけは人間の心の間違いが原因であるという。

今日は、合理主義によって、天地と人間が対立的に考えられ、天変地異は、地球上に起きる科学的変化の一つとして扱われている。

この様な、霊の存在を否定する学問が流行したのは、ここわずか三百数十年来のことで、何一つ実証されているわけではない。

ただ、科学的というフリーメーソン魔術力の命ずるままに定めただけのことで、この様な科学を信じている人は、魔術に踊らされているに過ぎない。

人類始まって以来、幾千億万年の悠久の年代にわたって、人類が体験実証してきた霊の実在を、微々たる人間が、わずか三百数十年の間に得た新しい知識でくつがえすなど全く狂気の沙汰である。

科学が、いかに事物を詳しく分析解明することが出来たとしても、現実に、人類の平和安寧に役立たねば有害無益である。人工衛星が他の天体に行き着こうとも、超音速の航空機が開発されようとも、人間の目先の発達は、かえって地球破壊の基となるだけである。

世の中がインターネットの時代となり、遺伝子の組替えが自由となっても、人間の心が闘争心で固められている限り、それらは孤独の人間によって悪用され、人類の破滅を招くだろう。

科学とは、本来フリーメーソン魔術力が人類滅亡を目的として生んだものであるから、科学は、魔術力の方針に従って人類の闘争心をあおり、天地と人間との対立を益々深めて行く。

太古の人類は、天地と人間は不離一体の関係にあることを理解していたから、天皇は宇宙の中心として、宇宙全体の調和統一に任じられ、人類は天皇の分身として、各々の本分を楽しく全うすることが出来た。

宇宙構造図は、宇宙の母体である中心点の位を継承された現身の天皇が、宇宙全体を統御されることを示している。

これはたんなる心のもてあそびではない。

昭和二十二年に死去した松下松蔵という大霊力者は、大正時代から数々の驚異的な奇跡を現わして、現身の天皇に備わる御神気とはいかなるものであるかを、現実に証明していたのである。

彼は昭和六年から日米戦争と日本の敗戦を予言し、度々政府の要路者に直接当たって警告したが、誰一人信ずる者がなかったという。科学的に理解出来ないことは信じ様がなかったのである。

彼は天体の星を動かし、天候を自由に操作し、自ら天空を飛ぶことも、粒子を変換して物質を変えることも可能であった。

彼は次の通り言っている。

「宇宙には神の気が満ちている」

「宇宙のことも人体と同じに出来ている。

すなわち太陽の気・月の気・星の気の各気に依り出来ている。

宇宙のこともそれと同じで、太陽の気がゆるむと雨が降り、月の気がゆるむと天気になり、星の気がゆるむと風が吹く」

「空気がゆるめば地震が起こる。

空気のこと一つ解れば、地震のことも天気のことも病気のことも解る。

地震も天候も病気も同じである」

「火山の所は空気が一番弱い。

山でも何でも空気が吊って居る。だから低くなったり高くなったりする」

「水には気がある」

「雲はどの雲でも水を持っているけれども、水が出来るのと出来ないのがある。

御手数（念力を入れて宇宙の中心に通じ、目的を実現する操作）をすれば、どの雲からでも雨を降らすことは出来る。

私は雲を造るのは自由である」

「上から引く力と下から引く力とがあって、下から引く力が強いから人間は立って居られるが、上から引く力を強くすると人間は宙に浮く」

「すべての物は神の気で出来ている。

鉄の気を金の気に変えると鉄は金になる」

以上の言葉は、松下松蔵氏の孫松下延明氏の著わした「神書」からの抜粋である。

例えば星を動かす実例について、或る病人に
「星の障りがある。貴方の星の位置が悪い。引き直してやる」といって天の一角をにらみ、

その人の星の位置を変えている。人間にはすべて、その人に通じている特有の星があるという。

また、ある人は身長一メートル五十センチ体重六十五キロ位の男であったが、松下氏が念力をこめると、途端に座っていたまま空に浮き上がり、頭が天井につく寸前に松下氏はさっと立ってその人の足をつかまえ、

「ほっておくと、天井を突き破り浜まで飛んで行くところだった」といっていた。

昭和七年二月十三日。

「私は病気をよくするだけが目的ではない。人間を殺すことも目的である。

満洲熱河に、二月十六日から人を殺しに行く。

少し事が起これば、十三万前後の敵軍が来る。その敵軍を上から下まで、容赦なく延髄を取って殺す。

それも目的である。

天津神様以外の神は人を殺す事は許されないが、私は、天津神様や陛下に悪いことをする者を殺すのが目的である。

あなたは、これらの事をよく眺めて調べて見なさい」との言葉に従って、後で調べて見ると、次の事実が明らかにされた。

昭和七年二月十四日内蒙古と外蒙古からの代表者が、景恵等と東北独立準備委員会を開き、

同月十七日には蒙古を含めた東北四省の独立宣言が行なわれた。

これは、松下氏の念力により、殺すよりも彼等の志を変更して日本軍の方に従わせたから、満洲国の建設へと進展したものである。

松下氏は、宇宙の中心天皇の御神気が宇宙に充満していて万有はことごとく御神気から出来ているといっている様に、宇宙大天皇にお願いして不可能なことはなかった。しかし、当時は誰一人天皇を理解する者がなく、松下氏の真価も分からなかったのである。

七、天皇否定の思想が天変地異を起こす

現代人は、合理主義と科学に災いされているため、霊の存在を否定してしまったから、天変地異が、人間の心の間違いから起こったなどと考えるのは迷信であると断定してしまうが、はたして本当だろうか。

まして、天変地異が宇宙の中心天皇を否定する思想から起こるなどと、未だかって考える人はなかった。

しかし実際は心の間違いから天変地異が起こり、しかも心の間違いとは、宇宙の中心天皇を放棄した時に起こるもので、人間本来の心を失うというのは、天皇否定の思想に災いされたことをいう。

宇宙に実在する霊魂の存在を否定した科学は、フリーメーソン魔術力が生み出したもので、これに同調した科学者は、何れも魔術の霊に仕えている人達といえるだろう。

今日ようやく、科学の進歩が地球破壊の元凶であることを認識する様になったが、魔術力の霊にはばまれ、気付くのがあまりにも遅かった。

地球の環境破壊は、科学の進歩によってその極に達し、人心は極度に荒廃して、家庭は勿論のこと個人そのものが精神の統一を乱し、常に孤独で日夜闘争の生活にあえぎ苦しんでいる。これこそ人類滅亡の泥沼に片足を突込んだ証拠であろう。

皇統系譜の記すところによると、過去の天変地異について詳細な記録をとどめているが、そのすべては、現身の天皇が宇宙の中心にましますという、宇宙の法則を無視したことが原因となっている。

人類が、この宇宙法則に気付くことが出来ない様になったのは、天変地異に対する反省の根をつみ取った、霊魂否定の科学を普及したからで、天皇を自覚する機会すらも失われてしまった。

天体宇宙の法則というものは現代人の様に自分勝手な想像の原理から生まれたものではなく、人間の知識を超越した、全く別の世界で定められたものである。

例えば、科学の最先端を行く医学では、人間を一個の物質として扱い、身体の欠陥があれば、物質の一部が破損した様に対症治療を行ない、人間が霊的な存在であることを全く無視してしまう。

この様な医学上の治療法は、かつてフリーメーソンの潜伏地ドイツから発達したもので、人類の現代医学全体は、霊魂否定の上に成り立っているものといわなければならない。現代の栄養学を一つ見ただけでも、人間の霊性を無視したもので、科学的な栄養摂取は、かえって不自然な人間を育てるだろう。

人間は、念の力によって身体の粒子を変換し、水だけを飲んで一ヶ月も生きることが出来るし、気力を充実すれば鉄拳で石を割り、頭部に一万ボルトの電流を流すことが出来る。また、一念の力でバラバラにした植物の葉を元の形に返し、密閉したビンの容器からふたを外さずに物を取り出すなど、この頃のテレビでよく見かけるがからくりではない。

これをあえて、科学的に判断できないから事実ではないという科学者は、新興宗教を盲信して、自分の世界より外を知ろうとしない狭量な人達と同様である。

天皇否定の宗教が発生した頃は、人間は魂と肉体から出来ていると考えられ、魂を磨くために肉体は邪魔な存在であるとして軽視された。

ところが、天皇否定の科学が発達すると、魂は肉体に従属するものと考えられ、肉体の運動に従って神経細胞が反応している様に印象づけ、宗教の考え方に対して逆様をいったのである。

しかし、宗教と科学は何れも天皇否定の目的で作られているため、何れも真実を語っていない。

本来、魂は肉体と不離一体のもので、宇宙の構造と同じくエネルギーと物質の関係にあって魂則肉体であり肉体則魂であった。故に太古の人達は人間が死ねば必ず荒魂は体骸につけて葬り、和魂は体骸に代わるべき霊牌に移して祭ったのである。

また、人間が生きている時は、心に思うことがあれば、必ずそれに応じて肉体の神経細胞が動くと共に宇宙に充満し連動している粒子にも反応する。

まして、宇宙の中心天皇を信ずる人は、自分の一念を天皇に通じて、宇宙全体に行きわたらせることも可能であろう。

ところが、宗教の霊が人間の心に巣くう時、天皇の御神気に守られていた人間本来の霊を取り除いて、闘争の霊を注入する。

それでも肉体は天皇に所属しているため、常に新入の闘争の霊を強化しようとして、肉体を制圧し苦しめさらに殺そうとするのであった。

これに対して後から出来た科学は過去の宗教の魂を取り去るための手段として、あたかも魂より肉体の方が主である様に逆の立場を強調したのである。

その代わり、科学の名目で魔術師の魂に入れ替わってしまうと、必ず戦争や内乱を求めて、天皇に所属している人間の肉体を抹殺しようとするのであった。

この様に、人間の魂がいかに宗教や科学のために取り去られようとも、肉体は天皇の御神気に帰すべき存在として、何時でも本来の魂に復することを待っている。

さてここで、人類幾千億万年の歴史を顧みると、百億万年に一度天変地異が起きている。

これは、天皇が御子の皇太子に位を譲られてからも、現身の天皇のことを御自分の御子として愛情をそそがれた時に天変地異が起きるのであった。

この時の天変地異には、発生前に必ず地球上のすべての木に餅が成ったから、正常な心で生き残る者が過去の文化を正しく伝えたに違いない。

今から七一八万四〇〇〇年前皇統第二十三朝天之忍穂耳天皇が皇祖皇太神宮別祖太神宮において人民の幸福を祈られる様になってから、天皇の御寿命が極端に短縮されてしまったのである。

そして、今から七万七九七二年前皇統第二十二朝三代真白玉真輝彦天皇は、全人民の幸福を願われる余りに、天地の神を祭る節句祭日を定められてから、突然、神勅によって人民の寿命が二千歳以下に定まった。

次の四代玉噛彦天皇即位五年（今から五万五九四七年前）天変地異が起きて全人類は全滅してしまったのである。

しかも、この時には木には餅が成らず、これまでの天変地異と全く異なっており、この天変地異には特別の意味があることをお示しになった。

記録によると、全世界の国王に命じて節句祭が定められ、その内容は、太古以来人民が絶対に触れてはならない、天地の神を祭日に祭ることを教えていたのである。

すなわちこの時から、人類は天地の神を祭ることを知り、天皇になれ親しむ心が芽生えていったに違いない。

その後、世界の王者が宇宙の中心天皇を軽んずる様になって、わずか五万年の間に人類滅亡の天変地異が五度に及び、さらに昭和二十年の日本敗北によって、天皇の御位までも危うくなってしまった。

これは、度々神勅によって示されていたことであるが、五色人（全人類）が一人天皇を中心にまとまらない限り、必ず滅亡するとあったのである。

八、公害はすべて天理からはずれた人間の心が生んだものである

天理とは、天が宇宙万物を創造し支配する原理であるとされているが、天皇否定の宗教と学問が発生して以来、天と天皇は切り離され、宗教がそれぞれ、自らを天であると名乗った。

また、啓蒙思想が起こって自由平等がもてはやされると、知識をもてあそぶ慢心高い学者や芸術家は、自らを天であると心に言い聞かせている。

すなわち、現代において天というのは、対象が漠然として説明が出来ないため、都合のよい様に利用されて来た。

ところが、中国文化の基を作った伏義神農両氏が日本に渡来して、天皇が宇宙を支配される原理を学んでいったから、中国では、宇宙構造図を使って、当時の思想を表わす文字を作ったのである。

中国最古の古代文字である甲骨文字は、「天」の文字を別表（図5）の様に表わして、これが宇宙の中心天皇のことであることを表わした。

図5（古代文字の「天」の字形）

中国の古代文字は、甲骨文字の外金文も篆書も、文字の形によって天皇が宇宙の主宰者であることを表示し、天皇に従うことが自然の道理であると信じていた。

しかし、楷書が作られる様になってから、天と天皇との関係が分からなくなり、後に天とは万物を支配している者という漠然とした存在になってしまった。

太古の中国では、天のことを一人人間天皇として文字の形で明らかにしていたが、日本では、太古以来の神勅には必ず「天国天神天皇に背くな」「天国天神天皇の教えの道を守れ」あるいは「天国の神の教えに背くな」という言葉があったのである。

なお「天国」とは、太古の日本の国のことで、世界一般に使用されていたが、日本では、仏教導入以来失われてしまった。

日本に渡来したモーゼが初めて十戒石を作り、これを天皇に献じた時は「テンゴクノオムヤカミハイレセヨ（天国の親神拝礼せよ）「テンゴクノカミニソムクナ（天国の神に背くな）」という条文があったのである。

勿論、十戒の根本は天皇に従うことであったが、後に、フリーメーソンのため削り取られ、しっと深い神にすり替えられてしまった。

キリスト教の神も、本は天皇のことであったが、これも、フリーメーソンのため漠然とした霊的な存在に切り替えられ、天皇と神との関係が断ち切られて、今日では天皇に歯向かっている有様である。

キリストは日本に渡来して、皇祖皇太神宮別祖太神宮で霊能力を身につけ、ユダヤ人救済のため、天皇のお許しを得て母国で布教したが、その内容は天皇に従う道であった。

しかしキリストは、フリーメーソン秘密結社（パリサイ派）のため、十字架の刑に処せられることになったが、天皇の命があるので死ぬことが出来ず、四才年下の弟が代わりに刑死したのである。

また、釈迦は日本に渡来して、皇祖皇太神宮別祖太神宮で正覚を得、神宮の祭祀全般に通じて帰国すると、昔説いた小乗大乗の教えを否定して、天皇中心の妙法蓮華経を説いた。

しかし、天皇のことを仏や如来の名で説いたから、後に、天皇否定の宗教に悪用され、今日の様に仏教の一種と誤解されてしまったのである。

この様にして、宇宙の中心天皇の御存在は天皇否定の宗教が発生してから、世界のすべての教えが天皇抹殺の方針に変わって行き、日本の国では、天皇が政権の道具に利用される様になってしまった。

天皇が政権の道具にされたのは、日本征服の目的で移入された仏教が始めで、終戦後の今日に至っても、未だにとどまるところを知らない。

人類が、天皇の御神気に全く感ずる能力をなくしてしまったのは、世界的に天の意味が分からなくなり、天皇に従うことが大自然の道理であることを、自覚することが出来なくなったためである。

そして、あらゆる公害は、天皇の御神気を放棄した人間の傲慢な心から生れるものであるが、その中でも、最も大きな公害は新聞で、その矛先は為政者を始め文化の先導に任ずる人達に向けられているから、その弊害は計り知れない。

新聞の根本方針は自由平等であるが、新聞と案出したフリーメーソン魔術力は「シオン賢哲の議事録」で次の通り語っている。

「自由平等・四海同胞という語は、盲従的な我々の蝶者によって、世界のすみずみまで宣伝され、幾千万の民衆は、われわれの陣営に参加し『自由平等の旗』を狂喜してかつぎ廻っている。

しかるに実際をいうと、この標語は到る所平和安寧一致を破壊し、国家の基礎をも覆えし、非ユダヤ人の幸福を侵蝕する獅子身中の虫である。

これが、われわれの勝利を促進したという事を、諸君は後日首肯されるであろう。

新聞が、重要な切札を、われわれの掌中に帰せしめたのである。

切札とは、特権階級の撲滅である。換言すれば、我々の強敵、すなわち、国家国民の防護者である非ユダヤ人の貴族の没落した廃墟に、金力という、われわれの知識階級の貴族を元首として据えた。

此の新しい貴族の資格を、われわれはわれわれの掌中にある富と、われわれの賢哲によって動かされている科学に置いたのである。

われわれの勝利は、なおわれわれに必要な人々と交際するに当たり、常に人間の弱点をとらえることによって、容易に護られたのである。

弱点とは、すなわち、人間が計算高い事、物質的要求を満たすため貧欲あくなき事である。

これ等の弱点を一つ一つ取って利用すれば、人間の独立的主動力を全く殺減し、その意旨をば、買収者の自由に一任せしめることが出来る。

自由と云う抽象的標語は、政治というものは、国家の持主である人民の手代に過ぎぬから、弊履のごとくこれを交代させる事が出来るとの観念を群衆に与えた。

人民が代表者を交代し得るという事は、すなわち、われわれの思うままに代表者を左右する機会をわれわれに与えたのである」

「現代各国家の手中には、民間思想の動向を創造する一大勢力がある。これはすなわち、新聞雑誌（マスコミ）である。

新聞雑誌の役割は、国民の要求を指示し、輿論の声を伝え、不平不満を発表し、かつこれを創造するにある。

言論の自由の勝利は新聞雑誌に胚胎する。

しかるに各国家はこの勢力の活用法を知らぬから、それがために、われわれの掌中に帰したのであるが、新聞雑誌によって、われわれ自身は背後に隠れておりながら、この偉大なる勢力を得たのである」

「新聞紙を、われわれは次のごとく取り扱う。

目下新聞紙はいかなる役目をなしているかというに、われわれの目的に必要なように、世人の欲望を興奮させるか、または、我利的党派心を助長させているものである。

新聞紙は、空漠、虚偽、不公平なものである。

そして、世人の大半は、そのいかなる役目を演じているかを知らぬ。

われわれは、新聞紙に鞍を載せ丈夫な手綱で操っているのである」

「言論機関における、いかなる報道も、書籍の内容も、われわれの検閲をへないでは絶対公表を許さない。

この事は、ある程度まですでに現在においても実行されている。

すなわち、全世界の各地からのニュースが、少数の通信社に集まり、それを某所で手を加えて、それから始めて諸方面に配付するのである。

この通信社も、その時はすでに、ことごとくわれわれの掌中に収められるであろう。

そして、我々の命ずる所のもののみを公表するであろう。

現在ですら、非ユダヤ人は、われわれが彼等の眼にかけてやった色眼鏡を通して、世界の出来事を見ている」

「我々はもう一度、新聞紙の将来（世界の公認支配者となった暁）について熟慮して見たいと思う。

すべての発行者、図書館係、印刷者たらんと欲する者は、その職につくがために、特別の資格証明書の下付を受ける必要があるが、われわれは、この証明書は、過失のあった場合には即刻取り上げるであろう。

かくのごとき遣り方で、印刷物という物は、我々の政府の手中にある教育上の手段となり、そして、政府はもはや、人民が荒唐無稽な進歩の恩恵を求める空想にふける事を許さないであろう。

諸君は皆ご存知であろうが、この進歩の恩恵などというものは幻夢のごときもので、何等の根拠もなき妄想の源泉となり、これからしてまた、人間相互間および人間と国家との関係における、無政府主義的傾向も生じるのである。

この解放運動は停止する所を知らない。いわゆる自由主義者は、もし実行上でなければ、少くとも思想的には無政府主主義者である。

彼等は、何等かの自由の幻像を追求し、結局は放逸に流れてしまう。

我が統治権が認められるや、直ちに、自由主義的空想家の役割は最後として陰をひそめるであろうが、それ迄は、彼等はわれわれに大いに役立つのである。

われわれは、爾後も大衆の思想を導いて、表面的には、進歩的と信じられるような、各種の新しい空想論に誘導する。

実際われわれは、これ迄も進歩という言葉を巧みに使って、非ユダヤ人の空虚な頭脳を混迷させてきた。

見よ！　彼等の中には一人として、経済上の新発見に関して言われる時以外には、この進歩という言葉は真理を隠すものであるという事を、理解するだけの頭を持っていないではないか？　何故なら、真理は只一つあるのみで、これに進歩の余地などあろうはずはない。

あらゆる他の誤れる思想と同様に、進歩という言葉もまた真理を隠すものである。その真理が、神の選民であり、真理の守護者であるわれわれ以外の者の手によって、認められることが絶対出来ないように定めてあるからである。

われわれユダヤ人が、ことごとく権力を握ってしまったら、われわれの代弁家は、久しき間全人類の心を悩まし、結局それをわれわれの慈悲ある政府に導いた大問題の説明をするであろう。

しかし、これ等大問題が、われわれの巧妙な政治的計画によって、すべてわれわれの手で仕組まれたものである事を、幾多世紀を過ぎた今日になっても、一人の非ユダヤ人も気付かないであろう」

以上、フリーメーソンの新聞利用法を述べた。この議事録は今から一〇〇年前のものであるが、フリーメーソン魔術力の健在であった平成三年までは、この計画通り、世界の新聞が同じ方針のもとに動かされてきた。

しかし、平成四年一月をもって魔術力が消滅しているから、それまでのフリーメーソンに奉仕する、新聞の使命は終わってしまったのである。

もし、新聞が過去の習慣に引きずられ、自由平等を楯に進歩的な空想を求めているならば、魔術力の後塵を拝して人類を不幸に導く公害新聞となってしまうであろう。

人間が天理からはずれた時、人間の傲漫な心が自ら公害を生むのである。

九、公害を解消するために宇宙の中心点を確立せよ

戦後日本国憲法に対して、戦勝国から押しつけられた憲法であるとか。この様な憲法は日本の国を滅ぼすものであるとかいう者が多い。

これに対して、日本国憲法こそ世界で最も立派な基本法であるというので、これを護持しようとする者も多いのである。

しかし、何れが本当に正しいのかは、人間の知識では判断がつかない。

何故なら、人間の定めた憲法はいかに立派そうな文句を並べて見ても、所詮、時の世界状勢によりどうにでもひっくり返るものだから、これが正しいというものはあり得ないのである。

フリーメーソン魔術力の全盛時代は、日本国憲法も権威を保っていたが、魔術力消滅と共にその権威が薄れ、憲法改正への意欲が強くなってきた。

しかし、いくら憲法を改正して見ても、人間各自が闘争心を持っている限り、闘争しやすい様に改正されるだけで、実質的には何一つ改善されたことにはならないだろう。

この意味で、かつての明治憲法も、今日の日本国憲法も全く同じである。

明治憲法は、天皇を大日本帝国の中心に定めたため、宇宙の中心としての天皇を侮蔑し、ついに敗戦の直接の原因となった。

今日の日本国憲法は、天皇を日本国民統合の象徴として平等な一人の人間に扱ってしまったが、これも天皇を侮蔑するもので、大日本帝国憲法と全く同じいのである。

日本の中心天皇も世界の中心天皇も、その本旨は、宇宙の中心天皇を否定するもので、何れの憲法も、必ず人類滅亡への道しるべとなるに過ぎない。

故に、現在の憲法を守る様に、大嘗祭の時現天皇の詔があったからには、これをそのまま保持することが、天皇に対する誠心であり、また世界恒久平和への道でもある。

人類の心が、天皇を宇宙の中心に定めぬ限り、いかなる憲法を作っても全く無意味で、このような基本法自体が反対勢力を育て上げ、同じ国民同士が互いに争わねばならない。

有名なハムラビ法典が作られたのは、メソポタミア文明の中からで、宇宙の中心天皇を侮蔑し都市の地神を信仰するところから発生した。

第一次大戦で敗北したドイツ帝国が崩壊後ドイツ共和国憲法を作ったが、これはフリーメーソンが作ったものである。これが、近代民主主義憲法の典型とされているから、その目的がすでに、フリーメーソンの世界征服を目指していることが分かるであろう。

昔からフリーメーソンのことを三点兄弟と呼び、彼等に特有の、三段論法の哲理が定まっていたことを示している。

三段論法とは正（プラス）反（マイナス）合（併立）によって世界を滅亡に導く法をいう。

これを図示すると別表（図6）の通りである

図6、（フリーメーソンの三段論法）

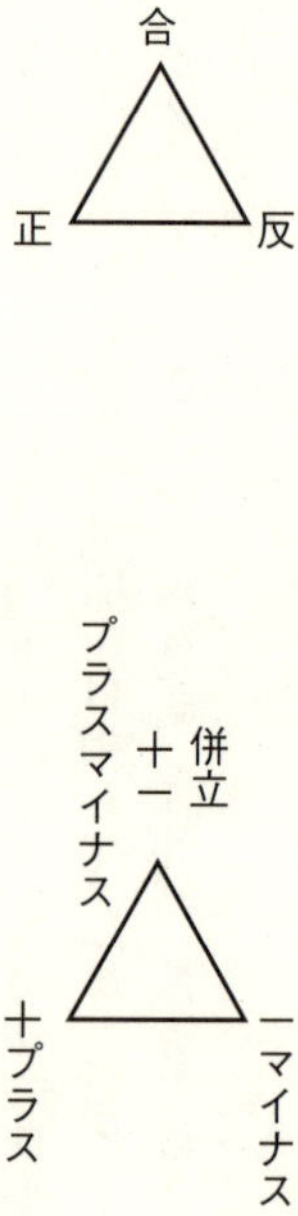

この図式によると「正（善）」に対して「反（悪）」が生まれ、正反（善悪）共存によって、世の中が進化するという。

すなわち、世の中を善くするためには世の中を悪くする必要があり、悪を作り出すためにも善が必要であるという。

したがって、善悪が互いに争うところに真の進化があるというのである。

例えば、フリーメーソン全盛の頃は、自由主義と共産主義を共に両立させ、世界を自由主義陣営と共産主義陣営に分け、あるいは一国内でも、自由主義者と共産主義者に対立させて、闘争があたかも原理である様に教えてきた。

要するに、三段論法は闘争の原理をもっともらしく理論づけ、人類が自滅する様に仕組んだものである。

故に、憲法の作られた所には必ず反対勢力が芽生え、その国が滅びるまで闘争が続けられるのであった。

現在の日本の政治が、与党と反対党に分かれるのは、フリーメーソンの三段論法に基づく明治憲法以来のもので、現在もそのまま踏襲しているが、これは明らかに天皇否定の政治であることを認識しなければならない。

現在人類が、宇宙の中心天皇を信ずることが出来ないのは、政治上の問題だけではなく習慣上の問題がある。

太古の人間は、天皇が宇宙の中心にましますことを常識にしていたから、別に教える必要がなく、すべての政策は御神気に守られてうまくいった。

有史以来、人類は宗教と学問によって、宇宙の中心点を定めることを知らず、お互いが人の上に立とうとして争って来た習慣のため、子供の頃から中心の存在に対して関心がない。

まして、敗戦以来フリーメーソン指導の男女両性の平等を規定することによって、一家庭においても夫婦互いに指導権を争い、子供は、中心というものの考え方すら持つ機会が与えられていないのである。

有史以来、フリーメーソン魔術力によって、人類の心から宇宙の中心天皇に対する誠心が取り除かれたからには、再びこれを取り戻さぬ限り、人類の幸福は得られない。

そのためには、純真な子供の頃から中心に関心を持たせる以外に方法がないであろう。

しかし、中心への関心は、家庭における中心の確立が第一である。

一家庭において妻が夫を立て、一家の中心としてこれに仕えれば、子供は当然親の姿を見て育つ。

また夫は、家を守ってくれる祖先を大切にすれば、自ずから子供も、目に見えぬ霊の存在を信ずる様になる。

まして、父親が社会に出て、不平なく喜びをもって働く姿を見れば、子供は必ずこれに見習うであろう。

中心確立の原理は、国家社会家庭は勿論のこと、自分自身の心の中にも絶対不可欠で、これなくして人間は安定した生活が出来ない。

今日、フリーメーソン魔術力の残した自由平等が災いして、いまだに、この様な人類滅亡の思想を信じて、自らを不幸に導いている者が多い。

魔術力旺盛な時は、自由平等を志すだけでも霊的な協力があり、我がままが自由にまかり通った。これは魔術力の方から、人間が踊る様に仕向けていたから、何事も思い通りになったのである。

ところが、今日では違ってきた。魔術力の援助なき自由平等は、そのまま人の恨みを買い、本人の一生は勿論のこと、子孫末代までも不幸の種となるであろう。

かつてのフリーメーソン秘密結社の後を継ぐ国際組織も、これからはうまく事が運ぶまい。

一日も早く、宇宙の中心天皇に目覚めない限り、過去を追っていかなる政策を弄しても、かえって自らの破滅を来たすであろう。

人類が、これまでこうむって来たすべての公害を解消するために、宇宙の中心点を確立することは、喫緊の要事である。

一〇、公害は地球の霊が人類に反省を求めているのである

これまでの説明で明らかな様に、公害は、人間の無知が作り出したものではなく、地の神が、天皇否定の人類に対して、地球上に存在することを許さぬことを知らせ、人類に反省を求めているのである。

なぜかというと、人類はこの地球に移住して以来、歴代の天皇は万世一系をもって天の神と地の神を祭り、しかも地球の霊を天の神と同じ様に大嘗祭で祭っておられるのであるから、天皇を否定することは地球の霊が許さない。

現代人は、偽りの科学に欺かれて地球霊の存在を知る由もないが、世の中のあらゆる宗教は、天皇を軽んじ、地球の霊に翻弄されて、色々な霊的現象に一喜一憂しながら、人間生活から遠ざかって行く。

宗教家は、自ら覚ったというおうぬぼれと、人間社会を軽視する孤独の環境から、例外なく、

地球の霊に弄ばれ迷いの世界に落ち込んで行くのである。

何故なら、彼等は、慢心のため宇宙の中心天皇に目覚める機会がないからである。

現代人は、地球の霊が竜神や蛇や狐で表わされていることに疑問を持ち、人間が動物を拝するのは、驚怖信仰からくる迷信であると速断してしまうが、これこそ、無知から来る科学的誤認といわなければならない。

人類は、幾千億万年の昔から竜神や蛇を地球の霊の表徴と考え、何時頃からか、狐をも地球の霊に定めて稲荷の神と信じて来た。

太古の人達は、すべてのことを、目で見ることの出来る身近な物でかたどるという特技に秀でていたから、物事を的格に把握することが出来たのである。

例えば、太陽や月や地球の姿を心に浮べても、現代の様にただの物質と見ているのではない。

太陽は、宇宙生成の力を表わすと共に、膨張力あるいは熱気を表徴するものと感じ、月も、宇宙生成の力を表わす外に、集結力あるいは冷気の表徴としていた。

特に、太陽は宇宙の中心点現身の天皇を表わすものとされ、月は、天皇に絶対随順される皇后を表わしていたのである。

また、地球は、人類の住んでいる大地を示すのではなく、本来は、宇宙を地（つち）の球といい、宇宙の中に存在する星雲恒星惑星等すべてを包含して地といった。

故に、天地（あめつち）とは、宇宙を生み成すエネルギーと、エネルギーの中から生み出される宇宙全体の物質をいい、現在の様な、天空と大地に分ける浅薄な考えは、天皇否定の思想から生まれたものである。

それでは竜、蛇、狐の名はどうして生れたのであろうか。

太古蛇は祭場の地主の霊を表わし、竜は天地を祭る時の宇宙万有を表わしていた。そのため地球自体の霊を狐で表わしたのである。

何故、これらの宇宙万有の霊、神域地主の霊、地球の霊を表徴するのに動物の姿によってかたどったのだろうか。

現代の様に、闘争心をもって動物を軽蔑している時代とは異なって、太古は、宇宙万有ことごとく宇宙の中心点の力から生みなされ、天皇は万有一切を統御育成しておられるため、動物といえども本来は人間と一つであり、人間と同じ様に尊ぶべき対象であった。

そのため、祭りを行なう場合は、天の神を人間の姿でかたどり地の神を動物にかたどって感情豊かに神事を行なわれた。

勿論、地の神を動物の姿に指定されたのは、宇宙の中心天皇の詔によるもので、人間が勝手に定めたものではない。

太古以来、世界の総廟皇祖皇太神宮別祖太神宮では、神域の入口に地主の神を祭り、その場所の赤池には大蛇が住んでいたという。

また、天地奉祭の神事の時には、竜神の姿をもって地の神の表徴とされた。

そのため、赤池の池の中に神殿を設けて、白龍明神と申し上げ、祭神として、白竜、黒竜、赤竜、黄竜、青竜を祭った。

また、別に神殿を設けて福主明神と申し上げ、祭神として、白狐、赤狐、黒狐、青狐、黄狐、万国の五色狐王を祭り、稲荷の祭神といった。

そして、太古天皇は、この地球で得た知識はすべて地の神から得たものと定め、太古以来の膨大な知識を、白竜明神に納められ、人間が勝手に知識を用いることを禁じられたのである。

そして、必要なことがある場合は、天皇の詔により知識を用いることが出来た。

かつて、伏義、神農、モーゼ、釈迦、老子、孔子、孟子、キリスト、マホメット、空海、日蓮等はいずれも白竜明神に参龍して、知識を修めたものである。

中国の王室が、竜をもって王者の表徴としたのも、中国文化の基を築いた伏義神農両氏が、皇祖皇太神宮別祖太神宮の白竜明神で知識を修めたからであろう。

中国だけでなく、竜や蛇を尊ぶことは古代世界一般の風潮で、それらは、白竜明神が基であったといって過言ではない。

なぜなら、世界万国の王者はすべて、太古天皇の皇子や皇女が派遣されたもので、白竜明神の存在を知らぬ者はいなかったからである。

一一、公害こそ天皇に目覚める絶好の機会

太古天皇は、宇宙の調和統一を御使命とされるために、天の神と地の神を祭られるので、天皇以外の者は、何人といえども天地を祭ってはいけないことに定められていたのである。

ところが、今から七万七九七二年前に、天地の神を祭る節句祭を設けて、万国の王者に徹底させることになった。

記録には「節句祭として祭ることを、天皇詔して行なわしめることとなり、万国および支那国へ教官を派遣させた」とある。

人類発生以来、天皇と天皇のお身代わりの方だけが、天の神と地の神を正しく祭られていた頃は、天皇が宇宙の中心として、霊的に確立されていた。しかし節句祭の普及と共に、天地の祭りが厳秘でなく、一般に知られる様になったわけである。

そのため、万国の王者には天皇が宇宙の中心にましますという不動の信念が薄れ、自分達も、天地の神に接することが出来るという誤解を生んだ。

この風習が、一般に行きわたってから二万一四九五年の後天変地異が起こって、全人類は死滅してしまったのである。

記録には「天地、土の海となり万国五色人、全部神去ります、アアナンム」と記されていた。

天変地異に先立って神勅があり「先の世の代無極代、天下万国に一人天皇と定め、大神の神躰神宝に必ず国民（日本国民）および五色人（世界人類）よ、背くなよ……天国天神天皇にそむく五色人は、必ずつぶれほろびるぞ。土の海となるぞ、天国天神天皇の教えの道を守れよ」と詔されている。

しかるに、全人類は神躰神宝の定めを破って、宇宙の中心天皇一人に限られていた天地の祭りを解放し、天皇になれ親しんで、自ら天変地異を招いてしまった。

天変地異は、天皇の祭られる天地の神の内、地の神が起こされる大災害で、決して偶然に生ずるものではない。

これまで、天災と人災を区別して、天災は人間の力でどうすることも出来ないものと考えてきた。しかしこれは、霊の存在を否定する合理主義と科学の偽りで、皇統系譜の記録を調べて見ると、天変地異は、必ず宇宙の中心天皇を否定した時に起きている。

これは人民だけのことに限らない。前天皇が譲位して、御子が天皇の位に即かれてから、退位された上皇のお立場で、天皇に対し、御自分の御子に対する様ないつくしみの情をおかけになると、その代には必ず天変地異があった。

宇宙の中心天皇とは、親であって親ではなく、子であって子ではない。天皇は絶対の存在であったから、一人天皇だけの節句の祭りが、万国の国王に広まることは、宇宙の中心天皇に対する反逆行為となる。

節句祭を万国に広めた当時の側近は、その頃すでに、宇宙の中心天皇に対する観念を、形式化していたものといえよう。

何故、天変地異が地の神によって引き起こされるかというと、天皇が、大嘗祭で祭られる天の神と地の神は、両方の神が全く等しい祭式で祭られ、しかも、地の神は、宇宙の中心天皇の分身であるから、天皇が軽視されることによって、地の神も軽視されることになる。

一般の常識からいっても、自分の主人や自分の親が軽蔑された時、これを許す者は居らない。

故に、天皇を軽んずる人類を、この地球上に存在することを許さぬため、天変地異によって、滅ぼそうとするのは極く当たり前のことである。

今から二万七五二年前、これまでの節句祭にあき足らず、万国の各所の高山にある、政治上の中心地に、正式の祭場を設け、天地の神を祭ることになった。

この定めによって、万国の王者は、日本の皇祖皇太神宮別祖太神宮と同じ様に、自ら天の神と地の神を祭ることが出来る様になったのである。

この後九八〇年を経て二度目の天変地異が起こり、この時は、日の本の国が、大変動によって人民がほとんど死滅した。

起えて五七七年後、三度目の天変地異があって、万国五色人（全人類）が死滅してしまったのである。

この様なことがあって、全人類は全滅に次ぐ全滅を繰り返したが、天皇は常に御健在であり、直ぐ復興のための御処置をお取りになっている。

今から七四九〇年前、天皇羽衣に日「十六菊形紋をつけて世界を巡幸された時、万国の王者が、天皇の紋章を真似て作ることが流行した。

また、天皇の儀式（大嘗祭・即位式）までも真似る様になったので、その二五九年後、第四度目の天変地異が起き、全人類がまたしても死滅したのである。

記録には「天地大変、土の海となり五色人全部死す。ナンムモ、アミン」と記されていた。

この地球全土大洪水があったことは、今でも世界各地の伝承として残されている。

各国の王者が神宮の祭式を真似、次に大嘗祭、即位式までも真似たのだから、宇宙の中心天皇の御位が否定されたも同然であった。

勿論、地の神も日本一国を支配される、天皇の分身としての立場に転落したことになる。

この後、四大河文明が起こり、世界の復興は進んだが天皇軽視の風潮は一向に正されず、遂にメソポタミア文明から、天皇否定の宗教が起こった。

そして先ず、世界の母国である日本の祭祀が災いされ、越中の神宮で行なわれていた天地の祭りから、地の神だけを抜き取り、これを、飛騨の高山の地で祭ることになったから、地の神が、差別待遇を受けることになった。

これは、今から三七二九年前のことであったが、この時から、地の神が、天の神と区別して扱われ、毎日の祭りが臣下の祭官によって行なわれることになった。

その一三三年後、五度目の天変地異が起き全人類が死滅したのである。

一度天皇否定の宗教がおきると、その猛威はすさまじく、天皇側近の者達が、渡来の宗教家（天孫族）に操られ、高千穂の峰にある皇祖皇太神宮分霊殿の祭神から、太古以来の歴代天皇の祭神を抹殺してしまった。

そして新しく、天孫族の信仰する「火の神」を祭って、神宮名を天孫天降神宮と改めてしまったのである。

天孫天降神宮の祭神名は「天つ彦火のニニギの命」で、天仁仁杵天皇の御名をもじって「火（ほ）のニニギの命」という「火の神」に作り変えたものであるから、皇祖名ではない。

　すなわち、皇室祭祀が、天皇否定の宗教に荒され、歴代の皇祖を抹消して「火の神」という他民族の宗教の神を祭らされたわけである。

ここにおいて、天皇は火の神を祭らされ、宇宙の中心天皇の御資格を放棄されてしまった。

勿論、地の神も一宗教の神に格下げされてしまったから、このままで許すはずがない。

その八一年後、皇祖から神勅があって、このままでは全人類が全滅すること。そして今より二千九百年目（昭和十四年）世界大戦によって、日本の国が危うく天皇の位が危うくなる旨お諭しになった。

しかし、宗教に狂っていた天皇側近に目覚める力がなく、遂に十年後（今から二九五〇年前）六度目の天変地異起こり、全人類ほとんどが死滅してしまったのである。

記録には「南無大地変、五色人全部死す、万国大地変数度あり。元無極、天祖神、天人地」と記されていた。

この時、最も大きな被害を受けたのは日本の国で、国土は三分の一が海没し、それまでのすべての文化が壊滅して、全くの原始時代に入ってしまったのである。

以上の様に、節句祭によって始めて天皇が軽んぜられる様になってから、日本が壊滅するまで、天変地異が六度も起き、その原因が、決して偶然ではなく、天皇を軽んじ天皇を否定した人類の心にあることが分かった。

しかも、宇宙の中心天皇を否定することは、天皇の詔によって与えられていた、地の神の使命までも抹殺することになるから、人類は、この地球に生存する資格がないということになる。

世界は神勅にもあった様に、二千九百年後の世界大戦を経験し、戦後の世界は、自然破壊による公害のために、人類はやがて滅亡すべき運命にあることを予測させている。

これを避ける方法は、前述の歴史的事実に基づいて、日本天皇が宇宙の中心にましますことを、日本人が先立って自覚し、これを全人類に知らしめる以外に道はないのである。

今日の公害は、すでに地球の全域に及び、人間の力ではどうすることも出来ない状態にまで追いつめられてしまった。

また、いかに公害を防ぐための必要性を訴えても闘争社会ではこれに耳をかす者は少ない。人民の一人一人が自覚しない限り、公害の根絶は不可能であろう。

しかし、人類が、宇宙の中心天皇を信ずる誠心によって人間の闘争心は勤勉に変わり、これまでの地球環境破壊の修復に向けられる。

何故なら、人間は天皇を通じて、地球全体の粒子を必要なる方向に変えることが可能であるから、要路者がその気になれば、人民の心でも自然現象でも左右することが出来るであろう。

これは決して迷信ではない。この宇宙に霊が存在する限り、実現可能な唯一の手段であると共に、何よりも確実な解決策である。

地の神は、太古天皇の詔によって定められたから、本来は宇宙の中心天皇の分身であって、これまでの天変地異は、ことごとく、人類を天皇に目覚めさせんがための警告であった。故に、人類が天皇に目覚めさえすれば、直ちに公害が解除され得る様に、何時でも準備されている。

例えば、これまでの闘争本位の科学は、一転して、地球の環境破壊を解消するための科学に化するだろう。

これまでの闘争本位とする学問は、一変して、人間生存の意義を明らかにするための学問となるだろう。

すべて、この世の中は闘争社会と平和な社会が裏腹に存在し、闘争社会の呪縛から脱皮すればその場から平和な社会が現われてくる。

天皇否定の社会と、宇宙の中心天皇の社会は、常に裏腹となている。

公害の地球環境も、無公害の地球環境と裏腹に仕組まれているから、これを改善する道は、ただ、天皇を自覚するか否かにあって、他のいかなる細工も改善する力にはならない。

以上の通り、諸事実の経験によって、公害こそ、人類が本来の姿に帰すべき、絶好の機会であるといわなければならない。

第三章　公害の一つ自然破壊を救う

一、調和統一の原理に基づく発想法

公害を細かく数え上げれば、枚挙にいとまもないが、そのすべては、天皇否定の宗教と学問の宿命とする闘争の原理が生み出すもので、人間が、闘争心を身につけている限り、これをなくすることは出来ない。

今日まで、いかに公害をなくするための立派な意見があっても、闘争しなければ生きることの出来ない人類にとって、公害を無視しても、生存競争に血道を上げざるを得ないのである。

これは明らかに、人類滅亡の罠を仕掛けたフリーメーソン魔術力の霊的呪縛によるもので、魔術力消滅後の今日においても、闘争心の罠を尊重しながら公害対策に取り組んでいるのは、マインドコントロールのためであろうか。

今日の公害対策は、フリーメーソン魔術力の仕掛けた闘争科学を基礎にしているため、被爆国の日本が、声を大にして原爆の公害を叫んで見ても、人類は一向にその必要性を痛感しないだろう。

故に、これから公害をなくしようとするならば、過去の科学的思考法を棄て、発想の原点を、新しい調和と統一の原理に基づく、闘争なき公害対策を生み出さなければならない。

現在行なわれているすべての公害対策は、病人の苦しみを除くために、患者の表に出ている症状に応じて治療を施す、いわゆる科学的対症療法の様なもので、すべてのものを単なる物質として扱っている。

人間は勿論のこと、天地万有はことごとく生命体で、宇宙の中心点を基に調和統一の原理に従っているから、公害対策も、生命体に対する考え方がなくては有害無益であろう。

ここに、地球環境の破壊という公害を取り上げて、調和統一の原理に基づく公害対策の一例を示し、早急に取り組むべき重要問題として提起したいと思う。

以下、日大皇学研究所会員　金子茂担当。

◇　◇　◇　◇　◇

人類を頂点とする全ての生物にとって、何ものにも換え難い最も貴重なものは「命」であろう。

その命を守るのは健康な身体であるが、その健康な生命体組織を支えるのは食料であり、しかもその食料を育むのは「水」である。

我々人間の住む地球は太陽系星団の中で只一つの水のある惑星といわれ、水は太陽エネルギーによって絶えず地球の表面を循環し、あらゆる地球生物の命を更新していく。

そして水のある所に生物が栄え、水を失うと共に生物もその姿を消してゆく様に水が地球を変え、人類世界の姿を更新して行くのである。

しかし地球上の水はいかに高温化したとしても一滴たりとも地球圏外に流出してはいない。水のほとんどが海に集まっておりこれを陸上に呼びもどす事によってすべての陸上生物は栄えることが出来るのである。

人類はこの様な水の性質をよく知っていながら、二十世紀半ばにして地球上から急速に水が減少し、砂漠化の拡大によって生物間の食物連鎖のバランスが大きく崩れるというのはいかなるわけか。

人間が人口と食料のバランスがくずれれば戦争により人口を減少して両者の均衡を計るというのは、フリーメーソンの考えた人間闘争の理論で生物間の争いは益々激化するばかりである。

これに対して自然保護、地球環境問題とは戦争を避けるための現代人の最大の課題であろうが、人類文明の進歩による地球破壊はあまりにも速く人類の滅亡の危機は深まるばかりであるという。

ここ二十年にわたり私は自然を通じて多くの知己を得た。

しっかりと目に刻み付けた自然破壊、大気、河川の汚染、変貌、失われて行った小さな生き物たち、可憐な草花の数々、その事への危機感を語り合い、私なりに各方面に訴えもしたが何の答えも得られなかったのである。

これも人類の滅亡を策したフリーメーソン魔術力の霊的呪縛によるものであることを思えば致し方のないことであった。

例えばここに地球温暖化という問題がある。

一般には炭酸ガス、メタン、フロンガスなどによるらしいといわれているが真相はわからない。

しかし私は地球温暖化防止の決め手は「水」であると思う。自然にとって水は「命」である。

昔から川「水」を制する者は天下を制するといわれて来たが、いまだかって人類が川を征服したこともなければ川の脅威、偉大さを知って降伏もしていない。

ただひたすら、水防、修復、改修という手段で戦いを続けるのみである。

手段はどうであれ、自然の流れに歯向かうことは勝ち目の無い戦いを続けるだけであろう。

川は自然であって本来は人類と同じく宇宙の中心点より生み成された万有の一つで、同じ「命」を持つ生命体である。

故に人類は川を屈服させようなどと思ってはいけない。川が栄えれば人類も栄える。いたずらに川との戦いを続ける限り、その戦いが終わった時は人類の滅びる時と思ってよい。

私が今日まで模索して来たのは川と人類が共に栄える調和統一の手掛かりである。

「河川改造は地球の改造であり、環境の改造である」

河川の改造を行なわない限り悪化する環境を変えることは出来ない。

どうすればよいか。

ここに私が考案したのは四章において説明する「河川改造法―タゲット方式」である。

勿論これまでのフリーメーソン方式による学説、定説はすべて否定するところから出発しているもので、調和統一の宇宙原理から生れた太古の施工法といってよい。

タゲット方式による河川の改造法を実行すれば地球の未来にもたらされる結果は次の通りである。

一、洪水は減少し水不足は解消する
二、砂漠干ばつ地が緑化する
三、地下水の増加により雨量が増大する
四、水湿面積の増加により異常高温が低下する
五、山地の雨量湿度増加でスギ花粉が減少する
六、魚類をはじめとして昆虫・植物・動物が増繁殖する

七、植物の増繁殖により空中の酸素が増加する
八、食料が豊かになり食料不足による争いが減少する

科学文明はここ二、三百年の間に驚異的な進歩をもたらしたが、一方では多くの生き物を滅ぼしてきた。多分人類も科学文明のために滅亡の道をたどることになろう。

自然破壊、環境破壊による地球の危機を、テレビ、新聞等マスコミは連日のように報道しているが、いずれも何らの結論も解決策も示していないのである。

我々はこれまでの科学文明に基づく発想法の呪縛から抜け出して新しい調和統一の原理から再検討して見る必要があると思う。

二、崩れゆく食物連鎖の底辺

私は明治も終わりの四十五年（一九一二）埼玉県南の東京都との境にある荒川沿い戸田橋近くの農家で生れた。

その生家のあたり、今でこそ首都圏にあって住宅密集地帯だが、私がまだ幼かった大正時代当時は人家もまばらな純農村の水田地帯であった。

四、五歳の頃は家の前の小川で来る日も来る日も日がな一日、フナやドジョウ、カエルを

捕っては遊んでいた。

子供にとって今のようにテレビはおろかマンガ本もないから、それが何よりの楽しみという時代である。

家の周りは一面の水田。それにわずかばかりの畑。その頃は地下水も豊かで野良井戸は一年中水を吹き上げていた。

水が絶えることの無い水田にはドジョウ、川にはナマズ、ウナギ、テナガエビなどの魚、甲殻類のほかオタマジャクシ、カエル、シオカラトンボ、ギンヤンマ、メダカ、ガムシなどをはじめ、名もわからない甲虫や多種多様な昆虫とその幼虫が数知れず生息していた。

夏になって田んぼの用水が止まり水が干上がってくると、田や用水路の深みに魚が集まって真白になるほどだった。

大雨で増水すると、荒川は黄濁した泥水で氾濫する。

上流から様々なものが流れて来る。流木、ゴミのかたまり、その上に虫の大群がぎっしり折り重なっている。そして、堤防の水際に繁茂している緑の草々が、流れ付いた小さな虫たちで真っ黒になった。

そこえ、青大将、ヤマカガシ、シマヘビ、マムシなどのヘビたちやネズミが後から泳ぎ付いて来る。

もちろんカやハエもいたけれども、今では東南アジアの農村地帯でも見られない風景だろう。

水の中は魚や小動物のほかに、多種多様な水草が溢れていた。エビモ、カナダモ、ヤナギモ、ミズニラ、ミズオオバコ、ドジョウグサ、オモダカ、その他今の植物カラー図鑑にも見当たらぬ水草で、小川は全て埋め尽くされていた。

水田には何千種類もの水生植物が繁茂しており、除草剤など使わぬ時代だから、雑草で稲が見えなくなるほどで、それだけに農家にとって除草作業は現在とは比較にならぬ大変な仕事であった。

家のすぐ前を荒川左岸の堤防が東西に走っていた。現在より五百メートルほど外側にあって、高さも半分ほどの小さなものであった。

春になるとタンポポが咲き乱れて、その鮮やかな黄色の帯が曲がりくねった堤防に沿って延々と遠くまで続くのが見られる。

その堤防の南面、北面に繁茂するチガヤなどの丈の高い雑草は緑肥（堆肥）や牛馬の飼料用に伸びる間もなく農家の手で刈り取られてしまう。

実はこのことが、植物の生態系上重要な意味を持っていたのだ。

その刈り取りのため、大型の草が淘汰され、副作用として草丈の低いかわいい小型の草花が保護され、その“天国”を現出していたのだ。

堤防の斜面を一面に覆うコケリンドウ、ハルリンドウ、ノジスミレ、アケボノスミレ、ニホンタンポポ、ミヤコグサ、モジズリ、ウツボグサ、アマナ……。今、これらの植物はほとんど見ることが出来ないが、当時は春から秋へ、それぞれの開花期に応じて代わる代わるに可憐な花々を咲かせていたのだ。

また刈り取って家のヒサシに積んであるヨシのズイには、畠の菜の花や土手のタンポポ等からミツバチがたくさん密を集めて来て、ゆで卵の黄身のような甘い密の塊がたくさん入っており、それを集めて食べたことなどがまるで昨日のように思い出される。

近くにはナワシロイチゴ、キイイチゴもまだ豊かに実っていた。

また、川原でもヨシ、カヤのように年に一度しか刈り取りをしない所では、早春に花開き、晩春と共に"休眠"に入るサクラソウ、アマナ、ウマノアシガタ、キバナノヒメアマナ、ニヨイスミレなどが見られた。

第一回の刈り取りが、これらの草花を守り繁茂させていたのだ。

荒川の河川敷には、至るところにサクラソウが自生していたが昭和の初期に全て姿を消してしまった。

それでも河川工事から逃れたサクラ草が上流に大分残っていたけれども、戦後燃料が豊富になりヨシ、カヤの刈り取りもしなくなったため、サクラソウは五十六年の春を最後に自生地から一輪も見つからなくなり、加えて野球場、住宅造成など急激な都市化の波を受けた。

水田の周りに沢山あったノハナショウブも、ここだけにあったノアサガオやレンリサウなどあのか弱い野の草花たちはことごとく、この一帯から滅び去ってしまった。

終戦前昭和十八年（一九四三）頃のことだが、川原にしゃがんで身の周り一メートル四方ほどを観察すると、幼虫を含めて四、五十種の虫たちを見ることが出来た。

それは実に今では信じられないほどのおびただしい数であった。草花の実や無尽蔵のその虫たちが、野鳥や小動物を育て、いわゆる“食物連鎖”の底辺を培っていたのである。

今ではその姿を消す日本古来の小さな生きものたちは一体その姿を何処に消したのであろう。

戦後私は植物と野鳥を詳しく観察するため「植物の会」「野鳥の会」に入会し、月に二、三回ほど関東平野とその近辺の山野をくまなく歩き回った。

その間も平地から丘陵地、山沿いから深山と、ひまさえあれば一人で見て歩いたのである。かつてはミヤマキケマン、ジュウニヒトエ、オニルリソウ、をはじめ様々な珍しい花々にもよく出会えたが、それも年々見つからなくなってきた。

この様な、極くありふれた花々が次々と姿を消して行く。

高山植物のように、法で守られているものはそれほど減ってはいないようではあるが、平地から山麓にかけての、何げなく見過ごしてしまうような、持ち去るほどの美しい花ではないものが、いつの間にか姿を消していくのは寂しい限りである。

ここ二十数年来、体力作りを兼ねて暇さえあれば鳥の生態を観察しようと、その生息地を求めて西に東に山に川と至る所に出掛けていた。

背中にリュック肩には望遠レンズ付き三脚、ゴム長靴を履き、野鳥の姿を追って四季を通じ歩き回っていた。

しかし年々同じ場所に、同じ時期に行く度に野鳥の姿は減って行く。サンコウチョウ、アカショウビン、ブッポウソウなどの夏鳥は、数も少なく生息場所も限られている。

それでも時期が来れば見られるのだが、今ではこれらの鳥は関東地方ではほとんど見られなくなった。

また、カシラダカ、ホージロ、アオジ等は草むらさえあればどこにでも沢山群れていたが、それさえも今では減少し、余程注意して探さないと見ることが出来なくなった。

一般の人々が知らぬ間に、野鳥たちの姿が消えて行く現実がある。

それと引き換え、カラス、ヒヨドリ、ムクドリ、キジバトのような「都市鳥」と言われる種類は、住宅地の人々の身近な所に増加し続けている。

これを見ている一般の人は、鳥が増えたと錯覚し、あまり危険感を感じてはいないようだが、都市鳥以外の鳥の世界は確実に崩壊しつつあるのだ。

関東一円、大都市近郊から地方の小都市近郊の自然は急速に蝕ばまれ、至る所の野や山に住宅が立ち並び、小さな動植物は息苦しくなって締め出されてしまう。

水中から日本古来のフナ、ドジョウ、メダカ、ゲンゴロウなど水性生物が駆逐され、それに代わってアメリカザリガニ、レンギョ、ソウギョ、ライギョ、ブラックバスなどの帰化生物が跋扈している。

陸上では可憐な日本植物と急速に入れ代わったセイタカアワダチソウ、ブタクサ、アレチマツヨイグサ、キクイモハンゴンソウ、稲科の牧草などの繁殖力旺盛な大型帰化植物が、大地を食い尽くす。

こうなれば単食性の昆虫たちも食草を奪われて滅びゆき、その虫を餌とする鳥類、小動物さらにこれらを食糧とする大型動物へと、大地に生きるものは連鎖的に窮地に追い込まれてゆく。

また干潟に住む渡り鳥のシギ、チドリ等も減少の一途をたどっている。

シギ、チドリは湿地に住む昆虫類が主食であるが、次々に生息地を失われ次第にその姿を消しつつある。

住む場所をせばめられて行く場所がなく、狭い場所でエサを取れば食糧不足となるのは当然である。冬期に腹を満たして置かねば渡りの長い距離を飛び続ける事は困難である。渡りの地にたどり付くまでに落ちる鳥が多くなる事は火を見るよりも明らかである。

昔はゴカイガニの様に口に合う手頃な大きさのものがたくさんいたが、最近の鳥のエサ取りを見ているとすべて口に合わないものが多い。外の鳥を見ていても同じ様にエサが大き過ぎて口に入らず、食べるのに大変苦労をしている様だ。

カニ等も昔は口にくわえて見て大き過ぎればすぐに捨てて再び手頃な大きさのものを見付けていたが、現在では一度とらえると大きいものでもなんでも苦労して食べている。

カモの類なども昔は水草が何処の川沼にも水面下に密集して生えていたから、エサに窮することはなかった。

しかし現代では草食のアメリカザリガニ等の食用となっていて川沼等にはほとんど生えておらず、食糧となるものはほとんどないから、春になれば陸上の草を求めている始末で繁殖地に帰るのはなかなかむずかしいだろう。

ワシタカを護れと近年盛んに言われる様になったが、実情は減少の一途を辿っている。

親鳥が一日中飛び廻っても中々エサが集らず、三羽四羽と生れたひながエサ不足で最後まで育つのは大ていは二羽か一羽である。

今日の世の中では飛びなれない若鳥が自分の腹を満たすだけのエサを集めるのは容易な事ではない。

親離れの瞬間が一番若鳥の命を落とす時期である。

昔はワシタカの好む外の鳥の若鳥が一ぱいいたものである。近年は全くその姿が見えない。

また昔は下へ降りても下には鳥以外のカエル、昆虫等大小いくらでもいたが、今日では食料とする生物はほとんど見られなくなっている。

ワシタカを守るにはエサとなる生物を増殖させる水を守る事である。

戦後の急速な発展により水中から魚類を始めとして日本古来の水棲動物は次々に姿を消していった。

陸上では日本古来の美しい可憐な花々や草木もまたそれらを食料としている昆虫も帰化植物の跋扈と共に再びよみがえることなく消えて行く。

鳥類もまた食料とする昆虫、草花の実の消滅と共に減少して行く。一度滅びたものは、いくら人間が手を差し伸べても取り戻すことは出来ない。

私が心配しているのは自然保護が叫ばれて久しいけれど、その保護も多くの矛盾をふくんでいて、護る護ると言いながら侵されて行くことである。

小型動物が消滅すれば大型動物が食料を失い自滅する。

この図式を言い換えて見るとこうなる。

「地球全体の乾燥化である」

つまり、生き物は生命の根源である「水」を媒介として"一次加工品"が「植物」、"二次加工品"が「昆虫」"三次加工品"が「小動物」そして「大型動物」へと食物の関係として連鎖されている。

その連鎖の頂点にある大型動物のみを保護して、連鎖の底辺にあるものを滅ぼしたらどうなるか。

大型動物の運命は言わずもがなであろう。

それにしてもこの連鎖の果て自らも滅びてゆく運命にありながらその方向を変えようとせず、ひたすらこれに向かって邁進してゆく人間は今この地球をわがもの顔に振る舞っているのである。

三、自然保護のバランスを左右する「水」

年毎に減少していく動・植物を保護して減少から守り後世に引き継がせることは、現代に生きる人々の使命である。

しかしながら現実は思うように行かず、自然は年々破壊され動・植物は減少を早めて行く。人類の文明が進むにつれて優れた道具を作り出し生物の捕獲数量も増加し、繁殖量を上回るようになった。

二十世紀に入り動・植物の急速な減少が始まった。

人間が自らの急激な人口増加をまかなう食料を得るため農地の排水を強化し、さらに農産物の飛躍的な増収の手段としてより強力な農薬除草剤を大量に使用するなど色々な環境破壊が行なわれた。これによって二十世紀後半になると昆虫等の小生物は著しく減少してしまった。

そしてこれらの昆虫小魚植物等を食料源としている鳥類・小動物は餌不足により激減していったのである。

直接間接を問わずそれらは人間の罪科である。

それではというので食料不足で激減して行く動物、鳥類を保護しようとすれば、ただでさえ少なくなった昆虫等の小生物は餌として食い尽くされ、さらに彼等小生物の滅亡を早めることになる。

考えれば考えるほど「自然保護」の意味が空しく思えてくる。

動植物が減少して絶滅に達すれば、人間は食糧を失い生存も不能となる。

自然保護を預かる保護団体や役所はこれを知り尽くしている。

その危機を動物は死をもって人類に訴え続けているが、人類は聞き入れようともしない。

ただ、自然の成り行きでどうすることも出来ないものであると、その成り行きを「見守るのが自然保護である」といっている。

そういっている一方では過繁殖している動物も減少しつつある。あるいは絶滅しつつある動植物を人間の保護から守り、傷ついた動物を助け、飢えている鳥類には人工飼料のエサ場を作っている。

自然に手を加えれば自然の仕返しが恐ろしいといいながら、こうした形で自然破壊を続け、自然界での食料の需要供給のバランスを破壊している。

これでは彼等の滅亡を早めるのみである。

これが現在の「自然保護」の行っている事である。

すなわち、滅びゆく動植物を守ろうとはするが、減少して行く鳥類、動物の食料の発生原点を守ろうとはしていないのである。

生物は天敵と食料の狭間で盛衰が支配されている。

あらゆる生物は食が満たされれば繁殖し、食が欠乏すれば自ら滅びて行く。動物を天敵から守ることは食物連鎖に連なる生物界において自然の摂理に反することである。

動物を自らの生命力で繁殖させるためには、天敵から守ってやるよりも、彼等の食料の原点である「水」からの繁殖を図ってやらなければならない。

確かに大型動物のような繁殖率の低い動物は天敵である人間の捕獲により減じていく。

その意味で、大型動物は人類の捕獲から守ってやれば減少も防ぐことが出来よう。

しかし人間からの捕獲から守っても食料が減少すればそのほこ先はライバルに向けられる。

鳥類や小動物のように食料不足で減少してゆく世界では食物連鎖のバランスを崩せば、いかに人間が天敵から守ってやっても滅びていくのは当然のことである。

彼等の食料となるものは年々減少していく小鳥・昆虫類しかないのであるから、先づこれから繁殖させせなけらばならない。

自然保護自然保護といってはいるが、自然はすでに破壊されているのをそのまま守るだけのことであり、そのまま見守れば自然破壊はそれぞれの方向へと進んでゆく。

カラスが飢えれば天敵のないカラスは動物の死肉を主食とするものでありながら、死肉が不足すれば主食はワシ、タカその他の鳥類のヒナ、卵、あらゆる小動物が主食となり、人間の目のとどかない処で鳥類、小動物がカラスの餌食となって急速に減少する事となる。

これ等のバランスをくずしたのも人間であれば、これをそのまま守るのも人間である。人間の手で崩壊したバランスは人間の手で直さねばならない。

自然保護法、自然保護団体等は動植物を天敵、人間から守る事ばかりに努力している。だが自然環境破壊の最たるものは森林伐採、工場、道路建設等の開発である。これらはいずれも人工増加が招来したものであるから、人々は自ら一人一人が自然破壊者の一員なのである。

自然を守る事は結局のところ人間相手の争いである。

これは無駄なことであって、例えその場で一時守る側が勝ってもどこかで必ずその自然は破壊される。自然の破壊は休む暇なく進んでゆく。

守るということは滅び行く方向へ一方通行であり、これを逆転し積極的に自然復元への処置をとらない限り滅びるのを待つばかりであろう。

人口増加による都市の発展、工場、空地の増加で地表が奪われ地表の乾燥を招き、さらに人口増加・水使用の拡大による地下水低下等で多くの動植物が生息地を奪われて滅び、また農薬等によって滅ぼされ減少の一途を辿っている。

水は地球の表面を年々同じ様に廻っているが、わずかずつ変りつつある。一世紀足らずの間に大変な変化が起こっている。

大正時代は荒川周辺の水面には真冬豊かな水であふれていたが、現在では水面は少く地下水も何十メートルも下がっている。

昔掘った浅い野良井戸はことごとくつぶれて機械堀の深堀の井戸によって営業用、市の水道用水はその下から強力なポンプによって汲み上げられている。それが人間の生活用水である。

それによって休耕田湿地等の水はことごとく涸れてしまった。

メダカを初めとしてホタル、トンボ、カエル等多くの水から生まれる水棲生物昆虫等はことごとく姿を消している。

動物はすべて弱肉強食の世界であり、水から発生する最も低辺の生物が失われた時、天敵となる上位の生物は食を失い共食いとならざるを得ない。従って現在の野生生物は減少せざるを得ないのである。

戦前は地下水も豊富で水面には四季を通じて水が溢れ、昆虫、小魚等も豊富に生息していた。その頃は鳥類、小動物は人間が守ってやらずとも繁殖増加することが出来た。

自然を保護するには食料の原点・食物連鎖の発生原点である「水」から守らなければ、あらゆる生物の増繁殖を図ることが不可能である。

何よりも食物連鎖の下部から増殖を図ることが先決なのである。

それによって食物連鎖は強化され、その頂上に位置する人類も繁栄することが出来るのである。

あらゆる生物の食料の原点は「水」である。水の豊富さによって生物と自然の豊かさが作り出される。

人間社会にとって水が全ての基であることはいうまでもない。地上で動植物の楽園、天国といわれる所は、いずれも豊かに水を湛えている。水が豊かに有りさえすればいかなる所にも生物の楽園が作り出されるのである。

具体的な処置として水湿面積を拡大して、あらゆる生物の原点からの増殖を計ることが自然復元の道である。

生き物として多種多様な動物、植物がこの世に存在するが、一種一種が全てかけがえのない貴重なものである。

人類が勝手に害虫、害鳥と差別をしているが、それぞれが本能として生きるための役割を果たしている。

いかなる生物も増殖のバランスを崩し異常繁殖すれば害となり、「害鳥」「害獣」「害虫」として忌み嫌われ駆除の対象にされる。

このバランスを守るのが真の自然保護であり、食物連鎖の底辺を増殖させ過繁殖した生物を人間の手によって減少させることが大切である。

そのバランスを左右する原点が「水」である。

あらゆる生物は水の先導に従って増殖し、水次第で滅亡もする。

水の循環するところでは必ず生物がそれに続き、水の先行しない所には生きて行くことは不可能である。

つまり渇水と洪水は人類と動物の共通の悩みであり、地表の水の安定した復元により、生物、自然の復元が可能となるものである。

水の循環。海から蒸発した水分は雲となり水滴となり、地上に雨となって落ちる。またこれが集まり、細流となって、合流し本流となる。

降雨が少なければ本流は水量が少なく、多ければ増大する。雨の元になる水分は海からだけとは限らない。

陸上からもいたる所から水分は発散するが、これとて水のある所だけの話。言うまでもないことだが、水のない所には雨は降らない。

この流れの中心に生物は繁殖地を広げていく。

食物連鎖の底辺にある小さい生き物たちほど細流の上流へ上流へと上り、下流にいたるほど大型動物が多く生息する。

安定した水面がなければ生物は繁殖生息は出来ない。

河川と流れと生物は一身同体なのである。

四、自然復元は安定水面の確保から

安定水面の復元が自然生物を復元繁殖させる例を極く身近な所で観察することが出来た。ささやかな水面でのこの現象の持つ意味は極めて大きい。

自宅近くの荒川の河川敷にはゴルフ場があって、周囲から中央にかけて何本かの排水路がある。これも河川の支流の一つである。

普段は流れもないが、雨が降ると堤防からしみ出てくる水や付近の雨水を集めて小さな川となる。

いわば、生活排水のない源流である。ここが最上流になるわけである。

幅三メートル、本流の荒川まで七十メートルの水路であるが、排水口はバルブでせき止められているため、満潮時にバルブを開くと七十センチほどの水深になり、干潮時には水深ゼロメートルになる。

その後、排水口の手前に排水路の底から三十センチほど高い位置に配水管を入れて、通路に埋め立てた。

これによって干潮時になって減水しても、三、四十センチの水深は保てるようになった。水面の安定を保つ様になると、今ではほとんど見ることが出来なかった水中の生物が姿を見せるようになったのである。

メダカ、クチボソ、オタマジャクシ等が、あたかも雨の降っているように水面一帯に無数の丸い輪を描いて動き回っているのである。

すなわち、安定水面を保つことが、全ての生物の繁殖源であることが、これでお分かり頂けると思う。

どこから入って来たのか、これらの生き物たちは増水時に排水口を開いても三十センチほどの水中に生き残っている。

そして、排水と共に本流に流出することもなく、この排水路を繁殖地としているのである。水量が安定している新しい水面では、天敵となる大型生物もおらず、彼ら小型生物の天国になっているのだ。

他の排水路では満水になると全て排水してしまう。その度に小さな生き物たちは水と共に本流に排出される。本流の浅瀬に動くこれら生物の姿は見られず、目につくのはカニとアシの茂みに住む数羽のバンくらいのものである。

動く生き物の見えない浅瀬で何を食しているのか、バンが時々地表をついばんでいる。

メダカ、クチボソ、オタマジャクシ……。この様な小さな生き物たちは、全地球から見れば砂漠の一粒の砂のようなものである。しかし、一粒の砂も並べていけば、延々たる線になり、その線を縦横に並べれば面となる。これが生物の食物連鎖の底辺である。

また、雨が降れば水位が上がり晴天が続けば水位は下がる。たえず水位の増減をくり返しながら雨の発生源ともなっているが、一日どれだけの水分が発しているかを知るため、私は家の屋上に水量計を設置した。

水量計とは石油缶の上面を開き、この内側に目盛を付けてその目盛を毎日記録する。雨降って何ミリ増水したか、降り始めから雨が上がるまで何ミリの雨が降ったか一日でその雨量がわかる。また気温二十五度の晴天で四、五ミリの減水であることがわかるし、真夏日の気温三十度以上で十五ミリ前後の減水することもわかる。

目には見えないが、大量の水分が毎日休むことなく発散していることが分かるのである。巾三メートル、長さ七十メートル、二百十平方メートルのこの河川敷の池からも真夏日には、一・九五立方メートルの量の水分が湿気となって肉眼では見られないがたえず大気中に送り出される。

大気の温度によって増減はあるが、太陽の続く限り永久に続けられる。

目には見えないが、この湿度は熱を伴いながら大気中にとけこみ夜露となって地上に降り、雲となり雨となって大地の続く限り何日も何日も地表をうるほしながら海に至る。

一滴たりとも大気圏外にのがれ出ることはあり得ない。この水は地下水となって大地の奥深くしみ込み地表をうるほすことが出来る。

陸上の水湿面の増減で、年間降雨量の増減は自由自在である。また雨量の増加は気温の底下である。

異常高温、水不足といいながら、人間はだれも雨を降らそうとはしない。

雨雲は目に見ることも計ることも出来ないが、地表の水湿面からは真夏日には一ミリ～一五ミリの水分を発散する。その水が不足するれば地表が高温化する。

その水は空にとけ込んで上昇し冷気にふれれば雲となり、されに雨となって再び地表に降下する。

地表の水湿面が広ければ広いほど水蒸気が大量に出て、支えきれなくなれば雨となって降ってくる。

雨を多く降らせるも少なくするのも地表の水湿面の多少で左右される。地表の水湿面が多ければ多いほど降る雨も多く、少なければ降る雨も少ない。

従って地表が乾燥すれば雨は少なくなる。雨は欲しい時には降らず、要らない時には多く降る。それが自然である。

自然には情ようしゃもなく原理に従うのみである。

河川、水田、休耕田その他あらゆる処を利用して水面を多く作れば降る雨も多くなる。

自然の状態では夏になれば至る処で水枯れが起こる。

秋の台風期から雨を蓄え、翌年の夏に備えれば雨を降らせる事は簡単なことである。それによって異常高温は降下し、水資源は豊かになり、あらゆる動植物は増繁殖することとなる。

日本本土に降る雨は主として偏西風によって中国大陸、東シナ海方面からの雨を主として秋には太平洋方面からの台風による雨、冬期には日本海から裏日本方面に降る雨と雪で占められている。

最も雨を必要とするのは夏の渇水期であるが、これ等の雨を予め地表に蓄えておれば真夏の太陽により夕立雨となって降る。降雨の量は水湿面の多少によって自ずから決まってくる。

（注）

四国は元来雨量の少ない所であるが、太古から水湿面を多く保つため、山地一帯に大小無数の溜池が人工的に作られていた。

吉野川は四国を代表する河川で利根川、筑後川につぐ日本の大河川の三男として「四国三郎」と呼ばれているが、日本の河川では十七位で流域面積は意外に大きくはない。

しかし洪水流量を示している基本高水ピーク量は日本一でとび抜けて流量豊かな川である。現代一般の認識ではその原因が上中流部に日本でも有数の多雨地帯があるから、、毎年多数の台風の影響を受け、大洪水の時に流量が増えるものと考えられている。

これも結果的に科学的分析から判断したもので、降雨量の少ない四国の高地一帯に無数の水溜を人工的に作ったからこそ山全体に水湿面が多く、全山が水を含んでいるため山地は低温で多くの雨を呼ぶのである。

また降水量の少ない瀬戸内気候のため四国の香川県だけでも、一万六〇〇〇の溜池がある。これは灌漑のためと日照りや水不足のときの非常用の水源としているだけが目的ではなく、水湿面積を多くして大地に水を保たしめ食物連鎖の底辺を保とうとする太古以来の知恵であろう。

特に全国的にも有名な満濃池は貯水量を増やし水源を安定化させるため、近接する土器川からトンネルを持つ用水路で水を導いている。

五、植物が山の崩壊を救う

河川工事や一般の土木工事には終了後必ず地表に芝草を植え込む。

芝草も一時は繁殖するがそのまま放置するといつの間にか一本、二本と草丈の高い強力な雑草が入り込む。雑草と芝との戦いが始まるのだが、たちまち芝草は敗れて衰え、やかて消滅し、繁殖の力の旺盛な雑草の天国になる。

建設省管理の河川堤防は、現在ほとんどが帰化植物の雑草に覆われている。

建設省では年に二、三回ほど機械で草刈りを行っているが、しかし夏草を刈り取ることによって、年を経るにつれてノアザミ、ツリガネニンジン、ワレモコウ等、その他日本植物は開花前に刈り取られて滅びていくことになる。

私の家に近い荒川堤防の水門付近に、道路と坂道に囲まれた三十坪ほどの法面（のりめん）の三角地帯があった。その堤防の内側には中学校があり、外側は中学校の運動場になっていた。

ここに小さな自然が生き残っていたのである。

この場所に残り少ない野草を集めて植え込み、これを保護するために大型のイタドリ、セイタカアワダチソウ、その他の帰化植物を一本一本抜き取って、草刈りの来る時期には芝草を主として草丈の低い草だけを残しておく。

そのため従来の日本植物の雑草が盛んに繁殖している状態になっている。しかし誰でも勝手に入り込んで草花を手折ろうと持ち去ろうと自由である。そして、ここだけは自然の状態のまま季節の間咲き続けている。

ある時、草刈りの人に「どうしてここだけ刈らないのか」と聞くと、「ここは芝草がよくついているから残してある」ということだった。

草刈り機が入ってもここだけはいつも刈らずに残されていた。美しい花が咲いていればむげに刈り取る気持にならないのだろう。

長い堤防の中でここだけはいつも何かしら花が咲いている。ノアザミ、ワレモコウ、オカトラノオ、ツリガネニンジン、コマツナギ、ヤブカンゾウ、ノカンゾウ、ニッコウキスゲ、ノアマメ、モヂズリ、ミヤコグサ、ヤツガ、タケセンノー、リウノウギク、アウコガネギク、アシズリノギク、ニホンタンポポ、ベニバナタンポポ、ホタルブクロ、ノアサガオ、ナツズイセン、ネゴバナ、トウダイグサ……。少々くどいぐらいに並べたてたのも、これだけ豊富な草花が根付いていることを知って頂きたいからである。

その他ホタルグサ、キツネノマゴ、帰化植物を除いた小型の植物はイタドリ、セイタカアワダチソウ等の大型植物を取り除いたため、多く密生している。

植物が多様になれば、そこに生息する他の生物も多様になる。

花が咲けばモンシロチョウも来る。イチモンヂセセリ、小さなシジミチョウも何種類か姿を見せる。

足を踏み入れれば、バッタも何種類か飛び出し、その他無数の小さな虫が飛び回っている。一歩道路を隔てた草むらに入っても虫の姿はそう見られない。稲科のぼく草その他帰化植物のみである。

しかし、その三角地帯も自然には見えるが、所詮人工である。繁殖力の旺盛な帰化植物の進入を食い止めるために“人の手”で一本一本抜き取らねばならぬ。

また乾燥という環境には、根の浅いウツボグサ、チダケサシのような草は水を与えないとしおれてしまう。

近年の異常高温による乾燥化が野生植物の減少の基であることが分かる。やがてこれらの小さな自然も、水門改修工事のために守る術なくすべてを失った。滅び行く動植物の命を、この現代の自然環境の中で一年でも二年でも引き延ばすことは、容易なことではないのである。

日本の国土から年々地表の水分が減少するにつれて、身近な所でもかように日本古来の植物が滅びていく。

しかしながら、アメリカの過酷な乾燥地で、たくましくしたたかに生き抜いて来た帰化植物にとっては、まだまだ日本は天国なのである。その勢いはとどまるところを知らない。

富士山は溶岩の上に砂礫がピラミッド型に堆積された美しい山である。しかしその美しい霊峰を次第に変容させようとしているのが、今拡大を続けている「大沢崩れ」である。大沢崩れは自然の崩壊であって植物の繁殖進出進入、または人工的に防止せぬ限り拡大するばかりである。

山の崩壊、変容はどうして起こるか。

また土砂が山麓で大石を支えている。その大石が山頂の崩壊を支えてる。水と石と土砂が互いに助け合って山を形成しているのである。

その支えが狂えば、たちまち崩壊の連鎖は山頂に及んで行く。

大地、山を支えているのは一粒の砂の集まりである。砂、生物を支えているのが一滴の水の集りであるのと同じい。

一度、山麓の土砂が大雨によって流出したとすれば、それによって上へ上へと限りなく崩壊が拡大していく。適当な雨量なら山を崩壊から守る事が出来るが、雨量が過激すぎれば害となる。これが自然のメカニズムである。

例えば鉄パイプを積み上げてピラミッドを作ったとする。その底辺の一本が失われても、たちまち頂点まで崩れてしまう。

ということは三角形の定辺が安定していれば頂点も安定するということである。これも自然の摂理である。

底辺を失いかけ、崩壊寸前の山の頂点を守るのは、もはや人の力を加える以外に方法はない。

しかしながら、人の力には限度がありその限度内でしか山を守ることは出来ない。

土砂の流出を阻止することは容易なはずである。だが土砂の流出を無視しては山を崩壊から守るのは容易なことではない。

要するに、基礎を守らずに上の物は守れないという単純な理屈である。

例えば日光男体山では、上部には落石防止棚を多数設置している。しかし、山麓の土砂の流出には一向に無頓着なのだ。

植物の助けでもない限り、防止棚を強化し続けなければ支えきれなくなり、山の水分が減少すれば植物も衰退する。やがては崩壊するものと思われる。

崩壊する自然の力は拡大していくものであるから、人の力もそれに合わせて拡大していかなければならない。

そうすると人と自然の力比べだ。自然と無限の戦い。これは容易なことではない。

西の大山でも、雨による山麓の土砂の大量流出を無視して、登山者に石の運び上げ運動を呼び掛けているという。

皮肉をいうつもりはないが、健康作りには役立っているだろうが、山の保護には少しも役立っていない。

すなわちいくら石を積み上げたところで、山麓の土砂の流出の方が早いのである。

昔の人のいう「爪で拾って箕でこぼす」と同じである。

箕は竹などで編んで作る農具で、穀類をあおって殻・塵などを分け除く。

動物、植物保護の現状もまた同じである。山の崩壊を守るのは植物である。その植物を守るのは雨霧の水である。

これまで再三述べているように、底辺の水の流出を無視して食物連鎖の上部を保護するのは文明人の涙ぐましい努力ではあるが、その未来は、すべからく科学の力に頼って宇宙の原理、すなわち自然の摂理を人間の力で変えようとしているのである。

人間という哀れな動物の努力は涙ぐましいものである。

富士山、男体山、大山。これらの山頂の崩壊を停止するには植物の力で支えるより方法はないのである。

山地の風上に季節風により雨霧を多発させ、植物の自生を促し、コケ類、草、樹木、植物の根によって崩壊を停止させる。

さらに、それでも崩落が続く場合は砂防ダムによって上流水を流出させ、底辺を流れる土砂の流出を止める。これは後述する「タゲット方式」の応用で可能なのである。

六、乾燥と雨量の減少で全てが繁殖地を失う

水面湿面が減少すれば水分の蒸発が減少し、雨量が低下する。これによって乾燥地が増加し河川の細流は干上がり、川巾も狭まり水量が減少する。そして、そこに住む魚、水生動物は次第に減少する。

水面が減少すれば水生動物ばかりでなく、陸上生物も小型のものは限られた行動範囲に水が失われて次第に滅びて行く。

陸上が乾燥すればあらゆる生物は河川の下流、低地へと生息地が狭まれていく。

浅い水面、細い流れが小動物の繁殖地である。これが大河、湖に流れ込み大型魚類、動物

の食料となり、食物連鎖の基点となっている。

さらに乾燥、雨量の減少により全てが繁殖地を失い、水を求めて移動していく。

特定の場所に集まるということは、そこが消費地化するということだ。すなわち、生物密集の繁殖地になるということは生物の生息地が過密化し、消費地に変化することである。だから、分散することが生物の増・繁殖の道だというのである。それが食物連鎖の世界である。

陸上の水湿面積が生物の繁殖面積である。

わが国でも農政による減反に次ぐ減反で水湿面積の大巾な減少を促進し、年間降雨量の大巾減少を招いている実態がある。

乾燥、砂漠化の拡大によって生物の消費地が増大し、繁殖面積が縮少する。大型生物が減少していくのは食物連鎖の底辺を形成する生物の繁殖地の減少によるものである。

砂漠の乾期、水場に集まる動物。鳥類保護区に集結する鳥類。これらはいずれも水を失い、生息地を奪われた生き物たちである。

水場、保護区も過密化すれば、繁殖を無視した食物連鎖の地獄となる。滅亡への入口である。

分散こそが増繁殖の道である。

生物にはそれぞれ生まれながらの本能がある。植物には春になり気温が上昇すれば、皆一様に芽を出し花を開かせ実を実らせることを知っている。

水がなければ枯れる。水その他環境にめぐまれれば大繁殖をする。

これは草に植物に限らず、昆虫から動物・鳥類・人間に至るまですべて同じである。

竹林は六十年で花が咲いて実がなって枯れるといっているが、花が開いて実がなるから枯れるものである。

花が咲いて実がなるのは、その前に花を開かせる原因があるのである。

前年の夏に日照りが続き枯れる寸前に葉がよれる。

一枚一枚の葉が乾燥で両側から中央に向かって丸くなるのである。

枯れる寸前まで乾燥すると本能的に翌年花を開かせ実を実らせ、自分は枯れても種を残して、また別天地を求めて生き伸びるための本能を表わす。

あらゆる植物は栄養が十分満たされれば、増々成長にエネルギーを集中する。

成長が停止した処で種子による分散繁殖行動が始まるものである。

スギ花粉の大量発生もこれと同じである。

前年は乾燥が強まった翌年は大量の花粉が発生する。

あらゆる生物は常に種子、また幼生によって四散し、めぐまれた大地にたどり着いた処で繁殖する。

すべての生き物は豊かな処に集中し、その集中が早ければ早いほど、多ければ多いほど、宙の原則である。

その地域の豊さが滅びるのが早まる。

また、その地をふる里としてたえず新天地を求め続けるのが生物の本能である。

一つの処へ多く集中すれば豊さは次第に失われて、やがてその場は滅びて行く。これが宇宙の原則である。


たとえ文明人といえどもロボットでない限り食物がなければ生き続けることが出来ない。人類として生物の本能と宇宙の原理に従わざるを得ない。

現代人間が都市へ集中する。貧しい処からより豊な生活を求めてのことであり、都市に豊さがある以上人間の法律で規制しようが、どの様な手をうとうが、合法的な道を探して入り込むことを制止することは不可能である。

また人間の欲望として豊さが身につけば、さらにその上の豊さと新天地を求めて、世界各地に分散する。これが人間の本能である。

雨が降れば至る処に水たまりが出来る。一日二日と日がたつにつれて、水は蒸発したり地下に浸透したりして、大きな水たまりは小さくなり小さな水たまりから次々に消えて行く。

水は毎日毎日それを繰り返しながら地上のあらゆる生物をはぐくんで行く。小さな水たまりから池、湖大小様々な差はあれど皆同じ様に繰り返して行く。

上流から流れ込んだ水はまた下流に流出してほぼ一定の水位が保たれているが、上流からの流入が止まれば下流への流出も止まり、降雨量が減少すれば流出は止まり空に蒸発と地下に浸透するだけで水位は低下して行く。

砂漠の様なところでは降雨量は少なく、太陽の強烈な直射日光のために蒸発量は想像以上に多く、年々水位が低下して行く処もあるという。

砂漠の奥地に塩があるのは遠い昔海であったところが、陸地が隆起して外洋とのつながりがなくなり、湖の様な塩水となって降雨量と水の蒸発量の差で、永い年月をかけた末に塩だけが残って堆積したものである。

これらの現象が降雨量の減少、砂漠化の拡大の原因となる。

また砂漠化の拡大は地球の温暖化の原因となっており、水冷式の車が水が少なくオーバーヒートしたのと同じい。

動物の構造と同じ仕組みになっている地球は、人間その他の温体動物が太陽に照らされて汗をかき体温調節を行なう水分が欠乏したのと同じである。

これらの現象に見られる地球温度の上昇に対して、科学者は異常高温はフロンガス・サンサンガスの増加による温室効果であると一様に言っている。

また、これらの砂漠化のため降雨量が減少して山地の岩盤地帯で異常乾燥により樹林は葉面に水分供給が不能となり、やがて雨が降ってもよみがえることなく枯れて行くのを酸性雨枯れといっている。

日本では神社の森等の老木の頂上の枝先の枯れて行くのを見て、何れも酸性雨枯れと言っているが、これ等樹木が昔から枯れていたわけではない。枯れる様になった数年前までは成長に事欠かなかったということを物語っている。

これ等は歴史から見れば極めて短い時間であるが、関東平野も数十年前までは今の地下水が地上数メートルも吹き上げていた頃は、西に東に何百年かわからぬ大木がそびえていた。また見渡す限り広い竹やぶも人口増加により水と共に消えている。

なぜ地球の温度が上がるのか。

大気中の二酸化炭素が赤外線を吸収して地球の熱を逃さないようにしている。ところが工場や車の増加などにより二酸化炭素が急にふえ、地球全体の温暖化がすすんでいるといわれている。

そして地球の温暖化がすすむと二〇五〇年には今よりも二・五度、二一〇〇年には四度ぐらい暖かくなり、南極や北極の氷がとけ海面が二〇五〇年には三二センチメートル二一〇〇年には六七センチメートルくらい上がると予想されている。

また、天候が変わり干ばつが増えたりして従来の作物にも大きな被害が出てくるという。

それでは酸性雨がどうして出来るかというと、濃いイオウ酸化物ガスやガソリンなどを燃やしたときにでるチッ素酸化物ガスが雨の中にとけると酸性雨になる。

しかしこの様な説明は一応理屈が通っているけれども、地球の温暖化について重要な点が故意か偶然か全く見過ごされている。

地球を生きた物として考えた時、雨が少なく乾燥して居る処が強烈な太陽に照らされれば、発汗作用が失われて地表が高温になるのは当然のことである。

真夏の三〇度以上の直射日光による高温をさけるには一日一〇ミリ～一五ミリ発散する水分を必要とする。

地表にその量の水分が不足すれば地表は高熱となり大気は温暖化する。

このまま温度が上がれば海面水位が上昇するのは当然のことであるが、これを逆転して水位を降下させるには雨を河川を通じて直に海にもどすことなく、雨を陸上に停滞させて二度三度と奥地へ奥地へと雨雲として送り込む様にする。

この様にして砂漠その他の大陸に大小の湖を作り、地球を古代の姿に取りもどすことは決して不可能ではない。

古代人はエジプトにピラミッドを作り、中国では万里の長城を残している。現代文明で自然の原理に順応した人工と自然の協力により雨を降らせることは可能である。

動物の本能は抑制することは出来ないが、誘導することによって方向を変えることは出来る。

それは陸上の水を世界均等にすることである。

すべて生物を広く分散することによってあらゆる生物の繁栄が保たれてゆくのである。

七、生物生存の元は「水」である

地球上あらゆる生物はすべて水の恩恵を受けている。

生物の命を支えるものはすべて水である。

地球上の水の増減は生物の増減である。

陸上の水はすべて海上から蒸発し、たえず雲となって陸上に来て雨となって降り注ぐものである。

海洋から来る雲は水となってあらゆる陸上生物を養いながら河口に集まり再び河口から海へと流出する。

河口から流出する水の量が降雨量を上回れば陸上は砂漠となり、流出量が降雨量を下廻れば陸地は湿地化する。

海洋から陸上に来る雨の量の調節は不可能であるが、陸地から海洋へ流出する量は調整することが可能である。

陸地から流出する量を末端の河口で調整することは不可能であるが、流出の発生原点で流出量を調整することは可能である。

陸地を砂漠化するのも湿地化するのも、本来は人間にとって自由自在である。

砂漠化は陸上生物の減少を来すものであり、湿地化は陸上生物の増繁殖を促進するものである。

自然保護は動植物の発生原点を守ることなく、末端の動植物を守ることは人類最大の誤りである。

日本の南、赤道直下にはジャワ、スマトラ島がある。

スマトラのバリ島では山の上までも段々たんぼがある。

日本の様に四季がなく稲作は通年作りである。隣同志で田植えをしている人もいれば稲刈りをしている人もいる。

水は熱い太陽に照らされて毎日大量に蒸発する。風がないから島国のことで海へ逃げ出さず、頂上に向かって雲は上昇し、また再び雨となって同じところに降ってくる。

何時も同じ水が島の上で地面と空との往復である。

同じ島でも隣りのロンバク島には水田がなく雑木林ばかりである。水がないから雨も少ない。自然は正直である。

自然保護と動物愛護精神の間で栄えているのは、鶴、白鳥、鹿、カモシカ、キツネ、タヌキ等のわずかなもの。中大型動物のみである。

その他多くの生物は、年毎に減少の一途をたどっている。

鶴や白鳥は人工給餌によって支えられている。

サルは山に増加して山奥の餌場では支えきれず、昔は天敵であった人間も現在では法律によって守っている。逆に今では人間の天敵となっている始末だ。

サルの群は山から降りてふもとの農家に目を付け、農作物に大きな被害を与えている。動物は環境の変化に対して素早く適応して行くが、人間には法律がありこれを変えることは容易ではない。

被害を受けるのは農家であり、法律を変えることの出来るのは遠いところの政治家である。

カラスは動物愛護精神に守られ、弱肉強食の食物連鎖による当然の権利として森から林を飛び回り、手あたり次第に鳥の卵やひなを取って食う。上面全開の巣はねらわれ、逃れるものはキツツキやメジロの様な小さな穴の中が見えないところかサギ類の様に集団巣作りをするものだけである。キジバトは昔はワシ、タカ、人間が天敵であったがワシ、タカは減少し、人間は動物愛護に変わり、現在では天敵はカラスで人間の通る街路樹の中や人家の庭先窓辺の茂みの中に巣作りをする様になった。

ヨシゴイという鳥はサギの仲間で最も小さな茶褐色でハトぐらいの鳥である。この鳥の巣はヨシの茂みで四方からヨシを折り曲げて菅笠を逆さにしたような大きな上面全開型巣であるが、その中に白い卵を五、六個産む。

ヨシゴイの巣は大正時代には上から見れば目につきやすい形のものばかりであったが、戦後この様な写真を残しておこうと思って利根川の下流、印旛沼、霞ケ浦を探したがついに見つけることが出来なかった。その代わりヨシではなく、ガマの葉を集めて丸いカゴ型の巣を作りトンネルの様に入口と前方だけを開け、上からは見えないような至って粗末な巣ばかりであった。

環境の変化といいながら巣の形を変えるのを何時習ったのか。だれが教えたのか。それとも今までの平型の巣作りをしていた鳥は死に絶えたのか。鳥に聞いて見ないことには知る由もない。

とっさの時は少数で集団防衛も出来ず、目に付きやすくカラスの餌食となって滅びたものか……。

鳥や動物は環境の変化に素早く対応して行くが、人間は環境が変わっても未来の事を考えることなく過去の定説を守り続けるのである。

動植物の自然保護と全く同じいのが現代社会のゴミの増加である。狭い日本でゴミは農地、山林、住宅を埋めつくすほどの勢いで増加を続けている。それに対する人間社会ではゴミの発生源をくいとめずに、これを無視して末端の小細工に終始しているからゴミの生産はとどまる処なく増加を続けていく。

自然動植物保護の場合もゴミと動物は姿形こそ変われど全く同じである。中大型動物は農薬使用、雨不足による温暖化等で餌不足のため減少していく処を、自然保護という小細工でバランスを崩している。

一部の大型動物が増加すれば食料となる小動物は益々減少をきたしてとどまるところなく

動物、鳥類は減少を早めて行く。

これが現代の世相である。

人間が原野を開き、農地水田を開いても、所詮多くの生物と共有の場であることを忘れてはいないだろうか。

人類が生産という名のもとにそれら自然生物を滅ぼせば、食物連鎖の法則で究極的に人類も滅びることになる。

都市が栄えて人間が集結増加すれば、やがて限度に達する。地球上の全てのものには限度がある。

都市にしても限度を超した繁栄はやがて衰退を招来する。しかも都市文化の発展はその土地の汚染度によって伺われる。

捨てられた“不変不滅”の厄介物産業廃棄物の量で分かる。

生物としての人間にとって生きられる環境が破壊汚染され、食料をはじめ生活物資に不足を来たせば、もはや生存不能になってしまう。

生物の生存のための元は「水」である。

現在の日本の都市は主要物資を海外からの輸入に頼っている。

またまた世界戦争でも起こらない限り物資の輸入が絶えることはありえないが、しかし都市の肥大化によって使用量の増加する水の需要に対しては、これは輸入でまかない切れるものではないというより不可能である。

一方で年間の降雨量は年々減少していく。減少する雨量に対してダムが増設される。地下水の汲み上げにいたってはその量を増すことによって限界がある。

全国いたるところにある空井戸の跡がそれを物語っている。

それらの全てが降雨量の減少に結びつき、そのゼロの接点は間近に迫っている。

例えば現在の科学が人間の使用する水の量を作り出したとしても、自然生物、農作物、森林を潤すにはほど遠い。

インカ帝国、エジプト文明はあたり一面の木を切り尽くし巨大石像文化を築いたものの、木を養う雨を降らせることは出来ず、砂漠の中に消えていったのである。

現在世界各地の大森林地帯でのすさまじいばかりの大量伐採が異常気象をはじめ様々な異変を地球上にもたらしていることは周知の通りである。

このままでは現代人の後世に残すものは地球の汚染と乾燥、砂漠化である。そこにはあらゆる生物の減少滅亡の未来があるだけである。

八、地球は生きている

地球は生きている。

しかも動物と同じように体温のある「温体動物」である。

体には「水」という「白い血」が流れている。

空には「太陽」という「心臓」がある。

太陽（心臓）によって水（血液）が地球（体）を潤している。

それによって「細胞分裂」（動植物の繁殖）が行なわれている。

水は空の「動脈」、地上の「静脈」（河川、地下水）を通って絶えず循環している。

そのために「樹木」という「毛」が生えているのである。

肉は土である。肉のやせた処は骨（岩山）が露出している。

また、「発汗作用」（水蒸気）も行なわれており、絶えず体温の調節をはかっている。

時々、体内（地球の内部）から赤い血（火山）が出ることもある。

地球は生きているから長い年月がたてば「老化」もする。

老化の現われは「シワ」（谷）だ。谷、川は年々侵食されて深みを増している。

陸上には数多くの大小の湖沼があったが、河川が土砂を流し堆積させ、次々と埋め立て、長い年月をかけ盆地に変えていく。

現在の盆地は皆、かつての湖沼である。そうなったのも老化の始まりであった。

シワ河川の浸食（渓谷）が深くなるにつれて、地上から水面が減少し地球の「発汗作用」が鈍くなり、乾燥した部分から動植物（草木）が次第に消滅していく。

奥地の湖は年々水位が下がり、砂漠化、旱魃化が進行する。

植物（毛）が少なくなり枯れて白くなる地肌が広々と現われてくる。これが老化現象である。

「ハゲ」（砂漠化）の徴候である。

部分的なハゲに、当面の主治医である国や学者先生がいくら「自然保護」という名の「ネット」を被せて誤魔化してみたところで、根本的な「復元」の治療法をこうじなければハゲは広がるばかりである。

地球も「動物」で、生きていれば「食料」を必要とする。

地球の「主食」は「水」である。

地球は水だけを栄養源として、体内で栄養化している。

栄養化の過程は草食動物と同じように、幾つかある「胃袋」（河川、湖沼）で一度食べた食物（水）を何回も吐き出し、噛み直しそれをまた「腸」（河川、湖沼）に送り込んで栄養化する。

これが順調に出来ていれば、健康な動物の証拠だ。

現在の地球にはその栄養源（水）が失われつつある。

また現在の地球は長い年月を動き続けた胃腸の働きをする河川、湖沼の多くが消滅して使用不能になってしまったのだ。

大雨が降れば「下痢」を起こし、雨を栄養として吸収する間もなく、洪水としてあたりかまわず「排尿、排便」してしまう。

乾期になれば干上がり体温調節の水分も枯渇し、地球の体温は上昇し続ける。

砂漠化はハゲどころではなく地球の高温化である。「ヒフガン」そのものである。その範囲は毎年転移し拡大している。

体温が上昇するように、生物気象の急激な変化は地球が末期に近付きつつあることを示している。

これを未然に防ぐには何よりも適切な「ガン」(砂漠化)の治療に取り組まねばならない。

この治療法とは「水」によって地球の体温を低下させ「細胞分裂」(動植物の繁殖)を盛んにすることである。

地球の病気とは地球の細胞ともいうべき人間による文明科学の急発展である。

人類の病気では治療方法の困難なものをガンと言っている。地球では人間の文化発展によって自然破壊、環境破壊、大気汚染、海洋汚染、森林破壊とあらゆる分野で破壊を続けとどまる処を知らない。

地球にとって人間科学者はガン細胞ともいうべき存在で、たとえ老化は修まっても爆発的な人類科学者の繁殖を止めることはむずかしい。

地球の細胞である人間のガンは初期の内なら何とか治すことも出来るが、酒や麻薬の中毒となってはやめることが出来ない。

これは地球の文化の急成長と同じで初期の内は楽しいものであるが、度重なる中に中毒となる。地球の文化の発展と人間の酒、麻薬の中毒症状とは同一である。

しかし自然の神は地球に若返りの方法があることを知っている。丁度人間には世代の交代という生まれ代わりがある様に、地球若返りの方法とは宇宙の原則に従うことである。

水の地球とは命のある地球である。地球から水分を差し引けば、地球は月や多くの星と同じである。

陸上の水分をすべて海に集中すれば陸上のバクテリアから動植物は皆無となる。水と共に命は滅びることとなる。

再び命を陸にもどしても、命を宿す水がなければ存在しない。

水の先導によって初めて陸上の命の細胞は成長し繁殖は保たれるものである。

命とは生物の細胞である。水と生命とは一身同体であり、水なくして命の先行はありえない。

陸上の水が減少することは陸上の生物の減少である。水の減少する陸上での生物の増繁殖は不可能である。水を無視した動植物の増繁殖はあり得ない。これが自然の掟であり人間の力で変える事は不可能である。

現在の様な地球の乾燥化現象の中で自然保護は自然の掟に背くことで、いかに人間科学の力を持ってしても大自然との闘いであり、勝ち目のない永遠の闘いである。豊かな地球を造るにはこれまでのすべての学説を逆転することである。

九、地球にとって人間の学説はガン細胞である

昔は雨が多かった。従って水面も多く昆虫類も現在とは比較にならないほど多く、大きな動物も多かった。

人間が捕獲することで、大きな動物は急速にバランスを崩して減少してきた。

そこで人間は動物の保護という法律を作り、現在に至っているが、現在では雨が少なく自然環境の変化によって昆虫も減少し、従って大型動物、鳥類も餌不足によって減少したが、益々自然保護を強化するのみで繁殖に切り換えようとはしない。

自然保護の下では雑食性の鳥類動物のみが増繁殖することになり、その他の動物は減少の一途をたどるばかりである。

弱肉強食の世界では繁殖するのは強者のみである。強者が増繁殖をすれば弱者はすべて強者の餌食となって急速にバランスがくずれてゆくが、法律がある限りどうすることも出来ず、弱者は消えるのみで強者は増えてゆく。学者有識者が法律を変えない限り一般の人間はどう

することも出来ず、餌となる小動物は減少から絶滅へと進めばその原種は再び人間の手で作り出すことは不可能である。動植物が繁殖することになっても異常繁殖となる。

また地球の温暖化は最近の言葉であるが、温暖化の正体は何千年も前から地球の大陸各地に発生している。

砂漠の拡大現象である。

また近年人口の都市集中化と文化の発展にともなって人間の水使用量が高まり、地下水の減少が降雨量の減少を招いて急速に地球の温度が上昇したものである。

地球温暖化を解消するには降雨量を増加する以外に方法がない。

先の京都の温暖化防止会議は全く的はずれで、温暖化とは別な二酸化炭素の削減で終わっている。

これが科学者の考え出した結論であった。

二酸化炭素も人間や動植物にとって有害であるが、二酸化炭素の削減程度では地球の温暖化解消に間に合わない。

地球は表面の水、水分で生物をはぐくむ様に出来ている。

地球の表面の水分が失われれば砂漠化となって地表は温暖化して生物の発育は止まる。

その温暖化を防止するのが人間の努めである。人間以外の動物は地球の自然を破壊することはないが、地球の自然を破壊するのは人間のみである。

（注）

二酸化炭素と地球温暖化の問題に関してアメリカとヨーロッパ諸国との間に対立が見られるのは次の点であった。

アメリカは大気中の二酸化炭素温度の増大（気温の上昇）海面水位の上昇の因果関係にまだ不明確なところが多いのと、二酸化炭素抑制策は経済的に大きなマイナスがあるということであった。

一方ヨーロッパ諸国はたとえ事実関係が不確実であっても、事実がはっきりしてからでは手遅れになるから、経済成長を犠牲にしても今すぐ二酸化炭素排出量を抑制すべきであるという。

すなわち温室効果ガスの増加による地球の温暖化と気候変化についての科学的基礎は、まだ確立していないということであった。

もし地球の環境変化について科学的な体系が出来上がっておれば、地球の温暖化と気候の変化もある程度予測出来るであろうが、現状はいまだ基礎研究の段階にあるというわけである。

世界の有識者は温暖化はフロンガス二酸化炭素の増加によるものと言われているが、それは学説の誤りである。

これをマインドコントロールによって人類を誘導しようとしているが、科学者は地球が生き物であることを知らない。

雨不足で大地が乾燥すれば発汗作用は失われて全ての生物は生存不能となる。

現代の科学学説に基づいて此のまま進めば動植物は減少する。減少した生物は再び増繁殖することが出来るが一度絶滅した生物は再生不可能である。

異常気象は多発となる。自然災害は至る所で発生し地球規模の農作物の不作となる。

また地球の温暖化は止まることなく進み、飢餓による暴動、内乱は至る所で発生する。やがて戦争へと進めば核保有国が巻き込まれ必ず世界の最終戦争となるだろう。

現代の学問では何事も事故が発生するまで待っているが、調和統一の学問では事故災害を予測してすべて未然に防ぐものである。

私は現代の学説の誤りについて項目を掲げ、これに対して調和統一の原理を示したいと思う。

一、現代学説は自然異変、変化の末端で努力を続けている。

調和統一の学説は自然異変、変化の原点を探り、原点にむいて良かれかしと思われるものを成長させる

二、現代の学説は雨よ降れ降れと言うだけで、雨を降らせる様にしない。

調和統一の学説は雨よ降れと言わなくても雨が自ら降る様にする。

三、現代の学説は水を守らず自然保護、自然保護といいながら自然動植物を減少させてゆく。

調和統一の学説は水を守って自然動植物を特別保護しなくとも動植物を自然に増加させる。

四、現代の学説は地球温暖化、温暖化といいながら、フロンガスや二酸化炭素さえ抑制すればよいようにピント外れのことをいっている。

調和統一の学説は自然に降る雨によって自然に温暖化を降下させる。

五、現代の学説は地下水が減少すれば小動物が年々減少してゆくことを知らない。食料が減少すれば天敵となる生物もこれに合わせて減少せざるを得ない。

調和統一の学説は何故生物が減少したかを原点で探り、弱肉強食の世界である生物の発生原点、水から増加を計ることによって先ず雨を降らせ、豊かな生体系を取り戻そうとする。

六、現代の学説は雨が多ければ洪水で泣き、雨が少なければかんばつで泣く。これに対して何一つ根本的な対策は取られない。

調和統一の学説は雨が多ければそのまま上流に貯えて置く。次の雨が来るまで貯えた水から雨を降らせ地下水を送り続ける。

一〇、生物を守るためには「水」の流れから守れ

大陸には一年を通じて雨期と乾期がある。

季節風の変わる時、海洋から大量の雨雲が陸地に向かって吹きつけ、大量の雨を降らせる。

その雨が「雨源」となって、高温の太陽熱を浴びて水蒸気となり、雨雲となって一帯に毎日のように大雨を降らせる。

その雨量は季節風に乗って奥地、奥地へと続いていく。

そして大地に降った雨は陸地に停滞する処があれば水蒸気となり更に奥地への雨を降らせることが出来るが、河川に集まった水は河川から海へ流れていく。

季節が変わり、やがて海洋からの雨雲が減少するにつれて高所の水はけのよい所から次第に水面は低下し、低い所に大小の水溜りが出現する。これが雨期の終末である。

雨期の終末は乾期の始まりであるが、この時期にいかに大量の水湿面積を保有出来るかで乾湿の度は定められる。

雨期に水湿面が拡大すれば、それに従って生物は生息地を拡散、分散させて発展、繁殖していく。

水面が枯れ乾燥期に入ると、生物は水と共に低い所に集結し、それに取り残された生物は消滅することになる。

また、水と共に集結した生物は、水面の減少により生息地が過密化し、いきおい弱肉強食となり弱者の繁殖は不可能になる。

それは雨によって水面が広がるまで続くのである。

生物を守ることは水を流出から守ることである。

弱者が減れば、その後に来るのは強者の減る時である。これは砂漠に残された水面で顕著に見られる生物の生存のドラマだが、陸上に生息する生物の全てに言える事でもある。

地球の生き物は、ことごとく水の増減によって盛衰を繰り返しているのである。人類といえどもこの自然の法則には従わざるを得ない。

あらゆる生物は水を求めて水面を求めて集まってくる。

しかし乾期の度によってその日その日に移動出来ない植物は、水分を失えば根の浅いものから次々と枯れていく。

水を得られる所に根を張っている植物だけが生き残り、次の雨期まで命を守り通せば増殖によって次の世代へと種を引き継いでいく。

また地中の昆虫の幼虫等も水場を求めて移動出来ないので、大地の乾燥と共に地中で滅びていく。

水性動物もまた水面から離れることが出来ないので、水面が減少するにつれて、天敵の餌食になり、また逃げ延びても水面が枯れれば消えていく。

陸上動物は大小それぞれの体力によって陸上の水を探し求めて移動することも出来るが、それでも体力に限界がある。

水場は浅い所から次々と消滅し、広い所も狭くなり生き物たちは食物連鎖の低い所から乾燥の度によって次々と滅びていく。そこで消滅した生物は、再び生き返ることはない。

これを救うのは天からの雨と地下水しかないのである。

それに対して生物保護者は祈るだけで行動を起こさない。

動物の減少は降雨量の減少によるものである。降雨量が減少すれば動物の食物連鎖の底辺の生物から減少することになる。

食物連鎖の底辺の生物が失われれば、それ等を食料としていた天敵となる生物も食料不足になり、減少せざるを得ない。

従って底辺の生物が減少することは、やがて食物連鎖の頂点に至るもその減少はさけることは不可能である。

動物保護は底辺の食糧不足による動物鳥類の減少を防ぐためで、失われた底辺の生物を増殖することなく天敵ともいうべき大型生物を助けることになる。

そのためかえって動物鳥類の減少を加速するだけに終わる。

動植物を増加せんとするには、水、水面を増加せねばならぬ。

河川は雨期には山地へ奥地へと限りなく伸びていく。これをせき止めれば、河川湿地はいくらでも増加することが出来る。河川水面が増加すれば、動植物は来るなといってもついて来るものである。

九八年夏、南米ペルーでは異常気象で大雨が降り、図らずも周囲何キロかの湖が砂漠の中に出現したという。

付近の住民は農地が湖に変わり、農地は失われたが新しくできた湖で魚がたくさん取れ、にわか漁師に早変わりして生計を立てているという話があった。

水さえあれば動植物は何処からでもついて来る。

陸上に来た雲は雨となって降るが、蒸発して大空に上っては降り、上っては降りして、河川の流れに乗らない限り気流に乗って移動するだけであるから、大陸を砂漠にするのも湿地にするのも人間次第である。

地球は水によって命が保たれている。地球から水が減少すれば地球の命はとぼしくなる。

地球が栄えるも滅びるも水次第である。

地球から水を失うことは食料を失うことである。地球の生物は水を食料としている。またその生物は互いに食料となって命を支え合っている。万物の霊長人間といえどもこの自然の掟には従わざるを得ない。

水と太陽の接点で水を失えば、地球は高温となり、地球は温暖化し砂漠化する。現在の地球はとどまるところなく砂漠化の拡大を続けている。

これを止める人がいない限り、動植物の減少を止めることも出来ない。

現在の地球は降雨量の減少による砂漠化の拡大と、それにともなう地球の温暖化、動植物の減少、その他あらゆる面で地球災害の多発につながっている。

これに対して人類の守り防ぐ努力は的はずれのため、少しも効果が上らず、地球は滅亡へと進行中である。

私は宇宙自然の在り方を根本とし、調和統一の原理に基づいて現在の自然に抗する諸対策を逆転するため、十数年も前から叫び続けて来たが、有識者からは無視されて来た。

地球も危機寸前になってようやく自然環境が騒がしくなって来ているが、未だに見当はずれの議論に終始している。

世の有識者に叫びたい。

「一日も早く、生物を守るために「水」の流出を防がれたい」と。

第四章　砂漠に雨を降らす逆転発想

一、「減反」は国土を滅ぼす

人口増加その他により水資源、降水量は年ごとにその量が減少している。

身近な所では昭和四十年頃までは東京、埼玉の水は多摩川・荒川の水で足りていたが、四十二年頃の水不足以来、利根川の水を武蔵用水路に引き入れるようになった。

現在では、その利根川の水も減少している。

関東平野を流れる河川流域はいずこも平均降水量が低下し、河川の水量は減少している。降水量が減少しているというのに、行政はその増大を図ることなど念頭になく、なおもダムを増設しようとしている。

しかしダムの増設は降雨量の減少につながる。ダムを増設しても降水量の減少に追いうちをかけるのみである。

ところで、農政の「減反政策」と「渇水」は、切っても切れない因果関係にある。冬は日本海からの雪、春は雪どけ水がある。夏は平野部の雨、夕立に頼る他はない。夕立雨の水源は湿地帯、水田の水である。中でも稲作水田は、関東平野の主な雨資源である。

人はダムに水がなくなると騒ぎ出す。渇水、水飢饉の不安が続くと、僅かな雲でも現われると沃化銀やドライアイスを撒いて雨を降らせようとさえしているようである。

厚い雲なら降り、薄い雲なら降る確率は低いなどといっているが、厚い雲なら人間が小細工しなくとも降るなといっても降ってくる。それが自然である。

地表が乾燥し蒸発する水分もない時に、人間の小細工ぐらいで自然の雨の降る道理がない。厚い雲を作ろうとするなら、雨源としてその地域に広大な水面、湿地面を作らなければならない。

そうすれば太陽は水分を発散させ、低気圧が来なくても高気圧の上空を突き抜けて水分は上空の冷気に触れ、冷却されて雨雲となり、夕立、スコールとなって降ってくる。

雨が降るか降らぬかは天を見るより地面を見る事である。大地に水分がないければ、雨は降らないのが自然である。

人口増加、都市化の進む中で宅地造成に池、沼、水田等が埋め立てられ、ビルラッシュなどで地下水が汲み上げられ地表は乾燥化している。

休耕田の増加により、農業用水路も無用になる。

ここに引き込まれる用水は、全て雨に還元する水である。

国は農政で米価中心に減反がもたらす水飢饉、砂漠化には無関心である。

雨を降らせるも降らせないも、その地方の地表の水分の有無にかかっている。

雨は全て、それぞれの地域およびその隣接する地域から季節風の風上に当たる所から降るものである。

例えば関東平野の降雨は、主に関東地方から発生したものである。とくに山梨、長野、新潟あたりの山地からのものである。

季節風西風に乗っていったん雲となった水は、いずれも地球上のどこかに降るものであって、一滴たりとも地球圏外に散逸することはあり得ない。

だから、もしダムの上空に雲があふれていれば、その発生源をたどって発生量を増大することにすればよいわけである。

ところが気象衛星写真を見て一般の人々はその雲の発生源は南太平洋、東シナ海、中国大陸などと、人の手の届かない所から流れて来ると思い、また気象庁の説明も不充分なのではないだろうか。

例えば「今日東シナ海に発生した低気圧は明日九州方面に近付き、明後日に関当地方は雨になるでしょう」などと言ったとしたら、一般の人々は雲が遠くからやって来るものと錯覚してしまう。

海外旅行の経験者ならお分かりのように、その雲の上を飛行機で通過する時、雲はほとんど動いていないのを目撃しているはずである。

低気圧は雲の上を気流のように移動するものである。

遥か上空に低気圧が来れば、その気圧によって高気圧の時に発散停滞している水分が冷却されて白くなり人間の目に雲となって見るようになる。

水分が多ければ雨となり、少ない時は雲となって見える。

水分の少ない雲は低気圧が過ぎれば、また温度が上がって人の目に付かない蒸気となって青空に消えていく。

それは富士山の五合目あたりにいて山頂に浮んでいる一塊の雲を見ていると良く分かる。

遠目で見ていると、山頂にぽっかり浮かび静止しているように見えるが、五合目付近に立って目前で見ると、頂上付近の大気は速い速度で左右に流れているのが分かる。

空気は雲のある部分に差し掛かるとさっと雲になり、それが雲の部分を通り過ぎるとさっと消えてしまう。

低気圧が来ても曇りになるか大雨になるかは、その空気中に水分が多いか少ないかで定まる。

低気圧は、言って見れば移動水しぼり機の様なものである。

だから関東平野の広大な農地、水田に豊かな水があれば、北関東の山々には大量の夕立の雨が降る。大正時代には関東平野にも水田が多くあったから、真夏には南関東は晴れていても関東北部の山々からは毎日雷光が見られない日はなかった。それが今では見られない。

勿論、水田農耕地が減少すれば、その地域の雨量は減少し気温は上昇する。

例年六月初旬の熊谷、前橋地方での異常高温は人間の作り出した異常気象である。

この時期は近郊の二毛作が進み、小麦の収穫前で畑地が乾燥している上に水田作りの水の引き入れが未了のため起こることで、これはまさに人間が間接的に作り出した異常高温の記録なのである。

学者はこれを「フロンガスによる温室効果」とか言っているが……。

日本全国の稲作面積が減反になればそれに比例して雨量は減少し、関東地方を含めて水不足は深刻化する。

「米の減産」は「雨量の減産」である。

米の不足分は輸入出来るが、大量の「水の輸入」は不可能である。

「米作の衰退」は「国土の衰退」である。それが人類滅亡の近道と言っても決して無謀な言葉ではない。

水が不足すれば、昔から人間は血を流して争うこともある。

人間が滅びる前に多くの生物が水に飢えて滅びても「我れ関せず」として耳を貸そうとし

ないのは、自分さえよければそれでよいとした自己中心の考えからである。

二、「水」に有利な未来の河川改造

水防、洪水対策も自然保護と同じである。

「水防水防」と言いながら、水と戦い、河川に手を加えいじくりまわし、自然（河川）を敵として遂にその抗体性を刺激して“戦力”を増大させて毎年災害の度を高めているのが現在の水防の実態である。

河川の水量は雨季または台風時によりその流量は大巾に変わる。これによって生ずるのが洪水である。

自然の河川は永遠に治まることのない強水流によって上流を浸食し、また蛇行によって絶えず土砂を移動させている。

上流で侵食された土砂は下流に運ばれ、流れの緩やかな所、海に注ぐ河口に堆積される。そのための下流の蛇行が激しく、流れの緩やかな所に堆積された土砂で年々川底が浅くなり、水流速度が著しく妨げられる。

これによって豪雨があると流量が一気に増え、わん曲による流速低下と川底の浅い所がつかえて洪水を増大させるのである。

現在の堤防に囲まれた一級河川はその蛇行性を失う事なく堤防の内側で、右に左に自由自在に蛇行行動を繰り返している。

湾曲による蛇行は、水流を減速させる原因である。そして、蛇行を多く誘発するのが護岸工事である。

一度増水すれば流れの乱れが顕著になる。それによって水流が堤防側に突き当たれば、その個所にコンクリート・ブロック、コンクリート・パイル、テトラポットなど様々な方法で護岸を施す。

ところが、これによって水流と人との戦いとなり河川の水流は益々強力となる。護岸の前面が主流となり、護岸は水流とぶつかり合ってその根元を破壊し“戦争”は永久に続くことになる。

それに対して人間は流れの方向を変えることもせず、流速を調節することもしない。すなわち主流によって護岸の前面が侵食されれば深みとなってそこに水流が集中し、対岸の堤防までの広い川巾は草原の河原になる。

この草原、河原は増水時には緩やかな流れになるため、土砂の堆積は著しく増大する。この結果、河川は土砂の堆積によって上昇し、護岸の前面は年々水流が激しくなるばかりである。

一方護岸の終点では水流が反転し、対岸に向かって侵食を開始する。その部分に護岸をすればまたまた反転して河川の中央は流れが遅くなり中州となる。

すなわち流れは左右の護岸の前面が主流になるわけである。これが一級河川の中流である。

中州がこの状態であると増水時には著しく水流の速度を遅らせるのである。

水流ダウンによって侵食流下した土砂を海に排出する力が弱まり、下流は増水毎に川底が上昇、水流渋滞を引き起こし天井川となり洪水を増大させる。

また一方で堤防は地下水汲み上げ等により年々沈下していく。

現在の利根川の上流には、下久保、赤谷、川俣、藤原、イカリ等の各支流がある。

それらの源流からの流出土砂はことごとくダムの上流側に堆積が始まっている。

このため、ダム下流では土砂のない清流となって石、礫は流出し、上越鉄橋等は橋脚を洗出されている現状にある。

また、その下流では流出した土砂が武蔵堰によって堆積、そこからの下流は土砂を侵食する間もなく利根川の主流は関宿水門から急流の江戸川に流入して行く。

このため川巾の広い利根川本流は、主流を江戸川に奪われて弱水流となっている。

銚子港河口まで百数十キロ・メートルの利根川の数多くの曲折は、この弱水流によって夥しい土砂の堆積を形成している。

その緩やかな流れに、さらに鬼怒川、小貝川等から大量の土砂が流入している。

これによって、小貝川の水流は著しく流速が鈍化し、堆積する土砂は年々川底を上昇させ、水害の度を益々高めているのである。

これに対して住宅は地盛りした所に集めるなどの対策は行なわれているが、年々上昇する水位のため田畑の冠水は免れ得ない。

そして、やがては耕作不能なデルタ地帯を拡大することになる。

河川は台風時などで大雨が降ると、雨水と共に大量の土砂石礫を下流に流出する。

もし中流に大型ダムを造り土砂等の流出を止めると当然のことながら、その副作用は必ず河川の上下流に及ぶことになる。

土砂の流出は水流の底辺を流れるため人間には気付きにくい。

増水時には源流からの土砂の流出を止めない限り大量に流出した土砂がダム上流を埋め立てて、ダムの貯水能力を年々減少させる。

そして何十年もたつうちにダムの貯水能力は失われてしまう。この土砂を人間の力で取り除くのは容易なことではない。

またダムが土砂で満杯になった時点では、その上流の水流は緩やかになるため土砂の堆積はさらに上流へと及んでいく。

こうなればもはや人の力の及ぶところではなくなる。

国内には大小ダムが数多くあるが、現状のままでは未来には同じ時期に使用不能となるに違いない。

容易ならざる事態がやったくる。

現代人の犯した罪は未来の子孫がつぐなわねばならない。

また堆積物が増大したダムが台風などの増水時に放水すればどうなるだろうか。

当然流れは強くなる。その強い流れによって石礫を支えているダム下流の河川では、土砂のない清流のために砂が流され浄出した石礫が次々と流され、下流の川巾の広い所で堆積が始まる。やがてその部分は異常に水位が上昇するため洪水が起こることになる。

その堆積した土砂を取り除くには何十年もの歳月が掛かると言われるが、それとてもその間に堆積がさらに下流へと移動するのみである。

そうなれば当然のことながら、ダム下流の土砂が流出した所では橋脚の洗出、流失等の様々な水害が発生することになる。

昭和六十二年の広島県三隅町の水害も同類の災害であった。

これら災害は発生源で未然に防げば簡単であるが、年月を経て拡大成長してからでは手の付けようがなくなる。

しかし大型ダム建設と前後して上下流に後述の「冠水ダム」を建設することにより、ダムの水量を永遠に保つことが出来る。

以上のことを取りまとめて現代の学説と調和統一の学説とを対比して見たいと思う。
一、現代の学説は、河川中流の護岸は水流に逆う戦いであるが、水流に逆えば逆うほど年々破壊され無限の戦いを繰り返していく。

調和統一の学説は護岸を中流から河口に至るまで河川の中央に移動することによって水流は左岸右岸から中央に集まる。

この様にすれば河川の中央が水流による侵食によって速く流れる様になり、直線に導けばそれだけ水流は速度が早まり、排水量はいちじるしく増大して洪水の減少を計ることが出来る。
二、現代の学説は水防目的のため左右堤防内の蛇行をひき起こし、水流の悪化によって上流からの土砂の堆積を増大して水流の排出をさまたげる。
調和統一の学説は上流に多数の冠水ダムを設置することにより、上流からの水流をいちじるしく遅らせ洪水を減少する。

また上流からの土砂の流出は皆無となり、冠水ダムに貯えられた水量は地下水を増大して雨を増加することが出来る。

三、「水」の牧場を作る

食料としての動物が減少傾向に至ってから人間は牧場を作り飼育するようになった。

地球上の水が不足なら「水の牧場」を作らねばならぬ。

水と動物は違うと言っても、私は同じ「生き物」という次元でとらえている。その性質さえ分かれば、水を“飼育”し“繁殖”させるのは動物よりも簡単である。

水は高きより低きに流れる。すなわち低い所に棚を作って囲ってやれば、そこに集まり逃げ出すことはない。

もっとも囲いが狭いと逃げ出すこともあるが、広げてやれば無限に繁殖、増加する。

河川の上流、下流に次々と棚を作るだけで「水の牧場」はいくらでも拡大出来るのだ。

そこには淡水魚や水性植物を“放牧”することも出来るのである。

ただ、この牧場の欠点は広い土地を必要とすることである。小さくとも地方単位か、国単位もっと広げれば国際単位の規模が必要になる。

単位が大きいほど“経営”は安定する。しかし人類が水飢饉から逃れるためには、国際単位の規模の「水の牧場」を作らねば間に合わぬのである。

渇水と洪水——。この水の脅威は人類、動植物共通の悩みであるが、初めに述べたように川が栄えれば人類も栄える。

しかしこれまでの様に防水のための戦いを続ける限り、その戦いが終わった時大地が砂漠になって人類が滅びる時である。

渇水と洪水を解消するのは、いつに安定水面の確保にある。

洪水とは河川中、下流の渋滞によるものである。

これを避けるには上流からの流出を一時制限することが必要になる。

これは後述する「タゲット方式」で可能である。

河川の蛇行をなくすることによって下流の水速が速まれば、限りなく川底を侵食する。

川底が深くなれば、流水量が増大しても洪水を緩和することが出来る。

それには上流から下流の間に至る所で「冠水堰」を敷設する。

「冠水堰」というのは、動物のビーバーを見習い「タゲット」と名付けた。

これによって上流では土砂の流出制限となり、中流では蛇行防止となる。

北米大陸には今でもビーバーというドブネズミの親方の様な動物がいる。

そのビーバーが水を護って雨を降らせ多くの動植物に食料の豊さをもたらしているが、多くの動物はその有難さを知る由もない。

それが今では肉食獣の増加により生息数は極めて減少している。

このビーバーのダムによって雨を降らせ砂漠化の進行は大巾に後れたものと思われる。

タゲット方式の「冠水堰」を敷設することによって土砂の流下を堰き止める事が出来れば、下流は蛇行のない速やかな直流河川が実現するのである。

これはどうゆうことを意味するか、私の発想もここから出ている。

河川は一般的に上流は川底がV型で流れが速く、下流の川底は平型で流れは緩やかである。

これを全て逆転させればよいのではないか。

すなわち上流の水位を高め水深を深くして水流を緩やかにする（河川の中心を流れる様にすること）。そうすると、土砂の侵食流水が少なくなり、下流での堆積がなくなる。上流の川底は堆積物で平らとなり、下流は水流速度を低下させる蛇行を修正して直線となり、その中央の水流は速く川巾を狭くすることによって、川底は深くなる。

これによって水量の増減差が著しく少なくなり、安定水流となるのである。

河川の改造を抜本的に変えない限り、現在の護岸工事の様に水に逆えば逆うほど水の方から反抗してくる。

水、自然は人間が正しく扱えば正直に答えてくれる。

さて「タゲット方式」とは前述したように「冠水堰」の一種と考えて頂きたい。

土砂の侵食流出を防止するには水流を弱める事である。

水流は冠水ダムを作ることによって水深で流速を調節することが出来る。これは動物ビーバーにヒントを得たのである。

その発想のヒントと名の由来は不思議な夢から生まれた。

いつのころからか、かってバンカラ学生が好んで履いた足駄を裏返したようなサインが夢の中にしきりに現われる様になった。

不思議に思いつつ、何年となく解明のために考え続けてきた。

そしてこれが地球の危機を救う鍵に違いないと確信するにいたったのである。

今では全く見掛けなくなったが、昔の子供たちは下駄で“お天気占い”をした。下駄を足の爪先に引っ掛けて「明日天気になーれ」と、思いきり空に向かって蹴り上げた。表になれば「晴れ」、裏になると「雨」。雨は「水」、水は「川」となって流れる。さらに逆をかたどって、川から下駄への連想から、裏返しにした下駄にある啓示を受けた。「タゲット」はこれをヒントに生まれたのである。

下駄—「ゲタ」を裏返すのだから「タゲ」、テトラポットとは異なるけれど少々あやかって「タゲット」としたのである。

四、上下流の逆転「タゲット方式」の効用

「タゲット」は下駄型（二枚歯の高下駄）状のコンクリート・ブロックである（図1）

図1（「タゲット・ブロック」）

タゲット・ブロック

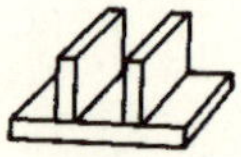

「冠水ダム工法」特許取得
（特許第一七四六一〇二号）

流速、川巾の広さ、深さ等によってサイズは不定だが、例えば魚が遡上可能の場合で高下駄

（足駄）状の歯の高さ約五十センチ、厚さ約五センチ。台は長さ約一メートル、巾約五十センチ、厚さ約五センチなどが適当だろう。しかし大小にこだわらない。

これを歯を上に、すなわち下駄を逆様にしたように置くのである。このブロックを浅くなった川底に水平に川巾一杯に対岸まで流れに対して横一文字に並べる。（図2）これを全面砂利で覆うと、堰が出現する。

この堰は川底で砂利の下に埋没しているため溶岩流、泥流、強流にも侵食流失されないし、減水しても上流側にブロックの高さ程度の水深は保てることになる。

そして堰を上流側に階段状に積み上げて行くのである。

上流側はやがて上流から流れてきた土砂の堆積によりブロックの高さまで川底が上昇する（図3）

図2（川巾一杯に対岸まで横一文字に並べる）

―俯瞰図―

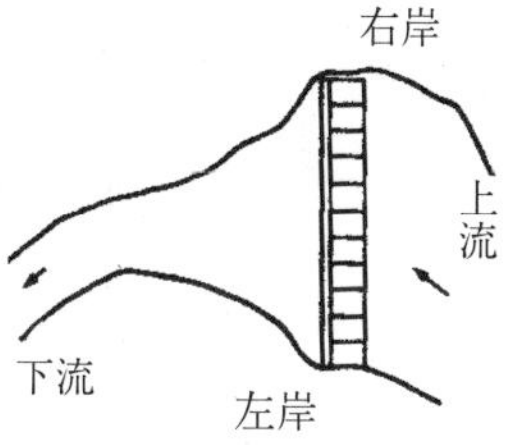

図3（階段状に積み上げて行く）

―断面図―

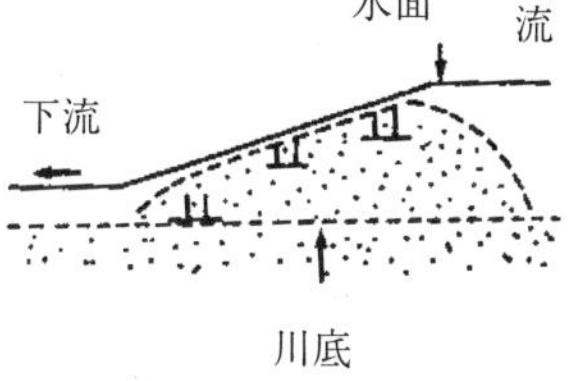

この様にブロックは一段設置だけでなく、土砂の堆積量によってはさらにブロックを上流側へ階段状に埋めていくことによって、一段一段と独立したダムが何メートルの高さでも簡単に造成出来る。

ダムの高さを増せば増すほど川巾は広く流れて緩やかとなる。山間部のV型（川底）河川でも水位が高まって川巾が広がり土砂の流出が皆無となる。

これによって水速は弱まり水圧も低くなって流失決壊の恐れのないダムが簡単な工事で出現するのである。

またこのブロック堰を上流から下流まで、適当な間隔で設置する。（図4）

このダムを高くすればするほど、上流の貯水流は増大し洪水防止に有効である。

中流に設置すれば水流が弱まって岸側の侵食がなくなり護岸工事は不用となる。

またブロックを岸側に向ければ（図5）水流は土砂を岸に押し上げ、堤防の強化ともなる。

ブロックを蛇行湾曲部に設置する（図6）と、

図4（ブロック堰を適当な間隔で設置する）

—俯瞰図—

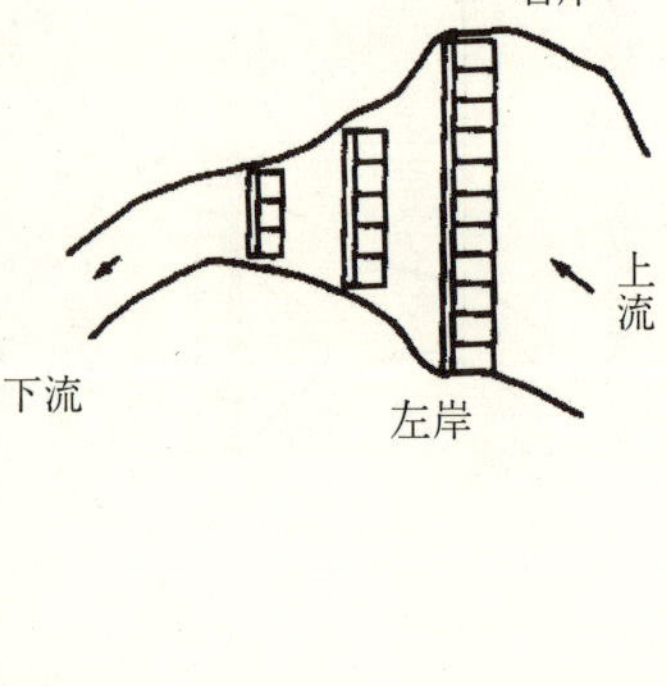

川底の高さが一定するため水流が直流になり、水流の速度が高まり堆積した川底の土砂は下流の3の堰によって側岸に排出される。そのため排出量が著しく増大する。これによって中流における増水・氾濫が解消される。

また最上流に蓄えられる水量が増大すればするほど下流の洪水緩和となり、蓄えた水量を増大すればするほど渇水の心配が少ない。

川筋に大量の水を蓄えることにより、地下水も潤うことになる。

水量水面の増加は雨量の増加となる。また下流の水資源となる。

これを一本の河川、関東地方の全河川、さらに日本全土の河川に施せば、流域の自然環境は豊かになり日本列島を乾燥化から守ることが出来るのである。

そしていかなる大陸にも河川はある。この方

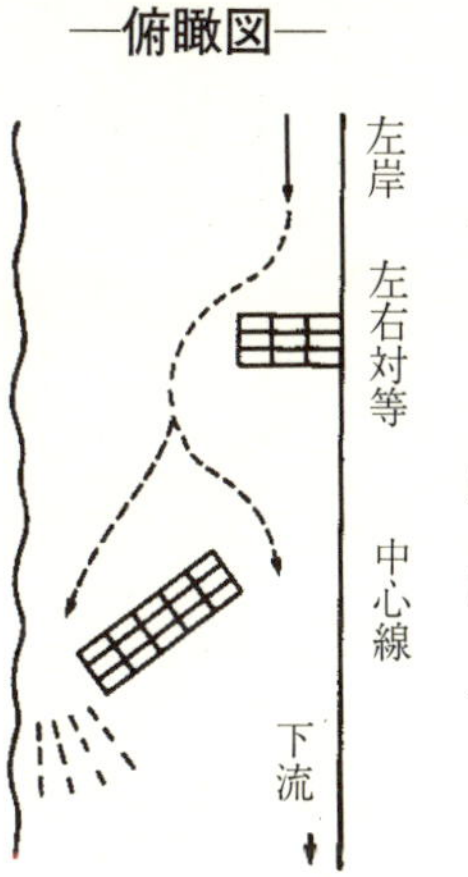

図5（ブロックを岸側に向ける）

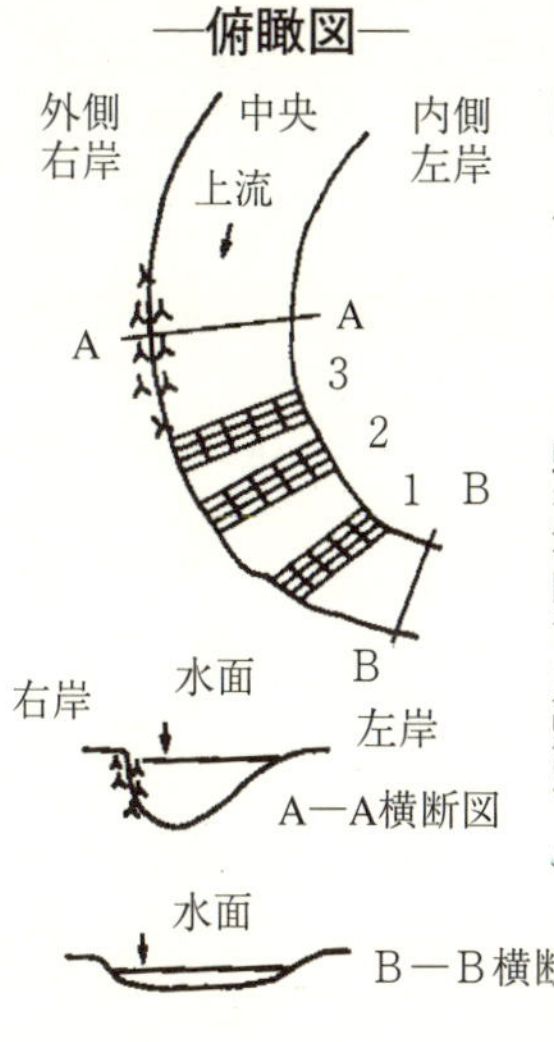

図6（ブロックを蛇行湾曲部に設置する）

法で海に流出する水を上流で堰き止めるならば、その水は奥地へ奥地へ、上流へ上流へと河川が伸びて地球の表面を潤すことになる。

五、誘導ブロック「タゲット」の利点

河川の中流から支流、さらに最上流砂防ダムまでタゲット（ブロック）によって水流の流出制限をすることで、上流はその川巾を広げ水深を浅く、最大限の水量を保留することが可能になる。

これによって平地で失われた水面を取り戻すことが出来る。

洪水緩和と共に水資源が増強され、これを最大限に拡大して下流地帯の地下水の汲み上げを出来る限り制限し、平野部の地下水の上昇を計る。

そうすれば地表の温度が上昇し、これが広い範囲にわたることで降水量の増大になる。

結果として水生動物はもとよりあらゆる生物の正体は水量の増大と共に減少から増繁殖に移行していく。

中流は川巾が広まり、川底が上昇し、下流に対して水流の落差による速度アップが図られ増水時になっても川原の草原（中州）への上流からの土砂の堆積を避けることが出来るようになる。

中流の土砂は下流に流す事なく増水時に水流の力で側岸に押し上げる。

下流は上流からの侵食土砂の堆積がなくなり、水流は直流となって排水量は増大する。

これで中流の異常増水が軽減される。

上流は水流を和らげ、土砂の侵食・流出が防がれ、上流に行くに従い保水量を増大し、洪水を防ぎ渇水期の流水量を増大することが出来る。

これらはタゲット敷設の増減により水湿面の拡大が自在になる事で、降水量の増減も自由に調整が可能になるのである。

［タゲットのもたらすもの］
タゲットの実行強化で、地球上の未来にもたらされる事を再度強調したい。
一、洪水は減少し水不足が解消する。
二、砂漠、干ばつ地が緑化する。
三、地下水の増加により雨量が増大する。
四、水湿面積の増加により異常高温が低下する。
五、山地の雨量湿度の増加でスギ花粉が減少する。
六、魚類をはじめとして昆虫、植物、動物が増繁殖する。
七、植物の増繁殖により空中の酸素が増加する。
八、食料が豊かになり、食料の不足による争いが減少する。

［誘導ブロック］

横一文字に水平に並べただけで水流、土砂流、溶岩流等あらゆる流動物の圧力流速の力を分散して、一個一個また一連が独立して居るため構造変更が自由である。（図7）

ブロックを土砂でおおえば流失することはない。

堆積する土砂でブロック上面が川底となる。

二段三段と設置することによって水面が広がり水圧は弱まるため

これを各処に作れば上流からの流出する土砂はなくなる。

図7（構造変更の自由な誘導ブロック）

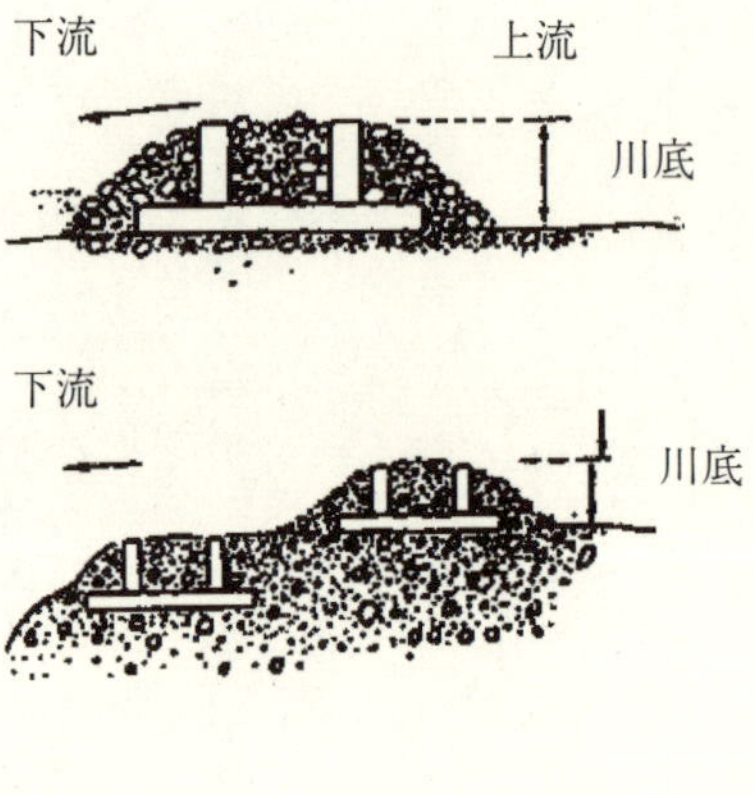

［水位の上昇］

一般設置でそのままにして置いてブロックの上流側に土砂が堆積してから、その上にブロックを積み上げてゆくのもよい。

またブロックの上流側に始めから土砂を積み上げて一度に予定の高さまで設置するのも同じである。

上流から侵食された土砂はブロックの上流側に堆積する。

水はあふれて上面を流下する。

階段状に一段一段積み上げる事によっていかなる高さにも流失侵食のうれいは皆無であり、上昇すればするほど水深は深まる。

そのため水面は拡大してブロックに対する水圧は軽減される。ダム上流は水流がゆるやかになるため護岸の必要性も軽減される。

［侵食土砂排出装置］

上流からの侵食による流出土砂は、誘導ダムの上流側に停滞する。

中間で発生した侵食土砂が下流へ流出するのを避けるため側岸に向けてブロックを高く設置すれば、増水時強流により土砂を側岸水面まで吹き上げる。

また減水時には、水流は河川の中心を静かに流れる。

これにより下流は無限侵食となり、増水毎に川底は深まり水流の排出量は増大する。

［河川の蛇行の防止］

下流の蛇行は大きくなればなるほど水の流れる距離が長くなり、蛇行湾曲の水流の速度を遅くする。

蛇行は必ず反転することになり、反転と反転の中間は川底が浅くなる。

この三つの原因が重なり、河川は大小無数の蛇行が上流の水流停滞を起こし、それが洪水の原因となる。

河川の下流を直流化すること、すなわち水の主流が常に河川の中心を流れる様にすることにより、水流は速まり川底は無限侵食によってさらに水流量は増大する。

これによって洪水は、軽減される。

六、機能は同じ樹木は河

地球上の森林の有る所はいかなる所にも水が有り、水の有る所には雨が降る。

雨の降る木の無い所は水の無い所である。

木のまばらな所は雨もまばらである。密林には降雨量も多い。これが自然の原則である。

「木」には必ず育ての「親木」がある。その育ての親木とは河川である。

樹木は多種多様で針葉樹あり、広葉樹あり、乾期には枝も枯れる落葉樹もあるが、通常の樹木は水が切れると直ちに枯れる。

一度枯れ死した樹木は蘇生することはないが、育ての親である河川は何度枯れても雨さえ降れば直ちによみがえる。

この「親木」（河川）を生かすも枯らすも人間次第である。

樹木と河川は形態は立と横との差はあるが、実は「雨のなる木」として果たしている機能は全く同じである。

河川という「親木」は人間の手でも容易に弱らすことも出来れば、速やかに成長させることも出来る。「親木」を太く（巾広く、深く）枝先（支流、上流）を限りなく細く長く大地の続くかぎり成長させることも可能である。

地球上には大小無数の数知れない多くの河川がある。

これらの河川は昼夜の別なく大量の水を海へ排出しているが、これは全てが海洋から雲となってもたらされたものである。

雨の量と河川からの排出量の差によって、陸地上の水量、乾燥度、湿度が異なってくる。

河川から海洋へ流出量を制限すれば陸上の水分はいくらでも増大することが出来る。

海洋から陸地に向かう台風、低気圧などによって降り注ぐ雨量は人間の手でさえぎることも増量させることも出来ないが、陸地の河川から排出する水量を調節することは可能である。

といっても大河の河口で流れを調整することは無理だが、それぞれ大小河川の中流、上流で流れをせき止め、その場その場で流出を調整すれば、その地域の水量を適度に保有することが出来る。

その水は地下水となり下流へ流れ出し、また霧となって蒸発し雲を作り雨を作る。そこを起点として雨量は大陸の奥地へ奥地へと拡大していく。

広範囲にわたって「雨になる木」（樹木）が伐採された地域は保水能力に欠け、雨水の流出が速まり下流に増水被害を及ぼす。

反面伐採地は旱魃化、砂漠化傾向になる。砂漠化すれば幼木までも枯れる。

苗を植え付けても立ち枯れする。水分が乏しくなれば全ての樹木の発育も衰える。

これを補うには「雨のなる木」の「親木」（河川）の成長を図ることである。

山地の谷川を上流、支流の細流でせき止め水量を土砂と共に保留し流出を遅らせることによって、「親木」（河川）と共に動植物は守られる。

また水量の一時流出が分散流出となって下流の洪水も治まり生物も繁殖することとなる。

大陸には「雨になる木」の「大木」（大河川）がある。「大木」があっても小枝が無ければ種子も実らないし成長もしない。

枝枯れのない木に成長させ、末端まで小枝、葉を繁殖させるのが人間の力である。

水枯れした河川は枯れ木と同じである。樹木の枝先に葉があるように、河川の先端に常時水の溜まっているのが繁殖している河川ということである。

河川は樹木と共に「雨になる木」として機能が同じいというのはこのことである。

地球上のあらゆる生物には全て天敵がいる。しかしこの河川という「雨のなる木」には天敵がない。虫も付かなければ動物による食害もない。

あえていえば人間が天敵である。

自然の摂理として河川は土砂と共に高所から低きに流れるが、この流出を調整出来るのは人間と動物ビーバーのみだからである。

河川から海洋へ流出する水の量を制限すれば、陸上の水はいくらでも増大することが出来る。

さて、人間の力として出来る「雨のなる木」（河川）の栽培に最も効果的な方法は肥料を与える事である。その肥料こそ「タゲットー誘導ブロック」である。

この肥料さえあれば「雨のなる木」（河川）はいかなる所でも成長繁殖する。肥料が不足すれば、追肥はいくらでも可能で永久に枯れることはなく、枝先に葉が繁れば多くの実（生物）がなる。

太陽の日差しが当たれば当たるほど、その枝先には取れども取れども尽きることなく実がみのる。その実は水に流され風に乗り地球上いたる所に分散して、限りなく大地の続く限り繁殖成長を続けることが出来る。

「雨のなる木」（河川）が成長すればその流域では豊かな食糧が得られ、人類は争うことなく平和を享受出来る。

以上、自然破壊を救うという問題についてこれまでの闘争の原理を基に組み立てられて来た現代学説に反して、調和統一の原理に基づく新しい見解を示したが、今後の発想のヒントにして頂ければ幸いである。


（金子）

◇◇

公害の一つである自然破壊を救う道と、そのための一手段とし砂漠に雨を降らす逆転発想「タゲット一誘導ブロック」の方法を示したが、これをご覧になった方は、どの様に判断されるだろうか。

恐らく、人類の滅亡がすぐ目前に来ていることを、本当に自覚出来る人はほとんどないと思う。

なぜなら、人間の一人一人は、今日一日の闘争につかれ切っているため、水のことを真剣に考える余裕がないからである。

水に関して専門知識を持つ学者といえども過去の学説から脱け出ることが出来ず、自己の体面のためにも、人の説を受け入れる度量はない。しかし、水不足による人類の滅亡は確実に進んでいるのだ。

平成十二年一月十一日付朝日新聞は、「水が世界を脅かす」というタイトルで、水不足による世界の現況を明らかにした。

以下、記事の内容から抽出したいと思う。

『二十世紀は石油の世紀だったが、大国は石油の利権をめぐって争ってきた。ところが、二十一世紀は水の世紀になる』という。

人口増加とともに、水不足が深刻化し、奪い合いが激しさを増すというのである。

ヨルダン故フセイン国王は『将来の中東の戦争は水をめぐって起きる』と予言したが、その芽がすでに兆しているという。

かつて、世界の文明を開いたという四大河文明の地は、今日いずれも、水不足と共に衰退し、人民はあえぎ苦しんでいる。

今や戦争よりも、水によって家を追われる人が多い。

国連環境計画（ＵＭＥＰ・本部ナイロビ）や、世界銀行などで組織する「二十一世紀の水に関する世界委員会」は、昨年末次のリポートを発表した。

河川流域の水危機による「環境難民」は、一九九八年二千五百万人発生、初めて「戦争難民」を超えた。

水による難民は、二〇二五年までに一億人に達すると予測されている。

リポートによると、世界の主要河川の半分以上で、枯渇や汚染が深刻化し、農業や工業用水飲用水などを川に頼る流域住民の、健康や生活が脅かされている。

大河で健全なのは、南米のアマゾン川とアフリカのコンゴ川ぐらいで、流量が大きく開発が進んでいないおかげであるという。

環境問題を専門とする、ワールドウオッチ研究所のレスター・ブラウン所長は「水不足が社会不安を生み、地域の安定を脅かす」と警告している。

地下水の枯渇は、今世紀後半に電動ポンプが登場し、くみ過ぎて雨水による補給が追いつかなくなり、地下水の低下は、中国、インド、中東から米国までも広がっているという。

穀物の輸入は、形を変えた水の輸入ともいわれ、北アフリカから中東にかけて、ほぼすべての国で水不足が進行し、穀物の輸入が急増している。

これらの国が、一昨年輸入した穀物を水に換算すると、実に、ナイル川の年間水量に匹敵するという。

地域の水不足は、国際的な穀物価格の高騰にはね返り、国境を越えていく』

人類はこれまで、闘争に勝つという夢を描いて、戦争にうつつを抜かしている間に、水飢饉というより確実な方法で、人類滅亡の道を辿っていたのである。

この様に、人類滅亡の瀬戸際に立たされるまで、世界有識者が、水の保有に関して植林のほか考えおよばなかったというのは、いかなるわけであろうか。

この問題を一つとり上げても、人類は、有史以来誤まれる思想のためにマインドコントロールされ、何事も色メガネで判断して来たことが分かる。

かつてのメソポタミア文明では、雨が少なくその環境は砂漠であった。この様な所から、どうして穀物の生産収穫量が平均して二百倍、最大の豊作時には三百倍にも達することが出来たのであろうか。

後世の学者は、灌漑農業が盛んであったと簡単に片付けていたが、灌漑農業だけでは、塩害が深刻な問題となってしまう。

古代メソポタミアでは、運河や用水路の補修・浚渫工事（水底の土砂などをさらって取り除く工事）も集団的に行なわれていた。

　諸都市の公的文書庫から出土する粘土版には、水路の開削や修理工事、耕地労働についての記述が、無数に存在するという。

（参考文献、世界の歴史①「人類の起源と古代オリエント」・中央公論社刊）

このことは、たとえ砂漠化となった土地でも、多くの運河や用水路を作り、多数の人工灌漑を作れば、必ず大量の雨を降らせ、砂漠地を緑地に変えることが出来るという何よりの証拠となるだろう。

　先に触れた様に、日本でも四国の山中に無数の人工溜池を作り、香川県だけでも、低地に一万六千個の灌漑用溜池が存在するというのは、大量の雨を降らせるための太古からの知恵であった。

第五章　公害なき世界への転換

一、第二次世界大戦と天皇による世界再統一の神勅は六千年も昔に下されていた

かつて、天皇否定の宗教と学問を生んだメソポタミア文明と、これに従った世界のあらゆる偽りの文化は、二十世紀の終末をもって行きづまりを来たし、このままでは、水飢饉という人類滅亡の大難を避けて通ることが出来なくなった。

そして、偽りの宗教と偽りの学問は、人類に闘争の理論を押し付け、マインドコントロールをもって、世界全体を侵略と戦争と内乱のるつぼと化し、人間のすべてが闘争しなければ生きることが出来ない様に習慣づけられてしまったのである。

また、今から三〇四一年前、皇室祭祀がメソポタミアから亡命して来た天孫族に乱されて以来天皇の御神気がおおわれ、人類のほとんどは獣化して太古の常識を喪失し、これを理解する力もなくなってしまった。

そのため、偽りの宗教が人間の祖先は罪深い者であったと教えれば、人類がその通り信じ、偽りの学問が人間の祖先は猿であったと教えれば、人類がそのまま鵜呑みにする。

今日、人間の祖先は悠久の年代にわたって、天皇中心に平和に統一されていたと説いても、近年迄誰一人信ずる者もなく、まして、天皇は宇宙の中心であると説けば、始めから耳を貸す者がなかった。

人類が宗教と学問を知る様になった以前の、幾千億万年におよぶ常識が、わずか三千数百年の間に、偽りの教えによってすべてを忘れ去ってしまったのである。

現代人は、直感で知らされる悪魔の声を信じても、太古の純真な人の記した記録はこれを疑う。これが悪魔の導きというものである。何が正しく何が間違っているかを知る能力がなくなったのも、獣化された人間の、当然の結果といわなければならない。

太古から伝承されている皇統系譜によれば、今から六三一七年前、皇統二十六朝五十九代天地明玉主照天皇即位九十二年世界再統一の第一回目の神勅が下がっている。内容はむずかしい表現があるので、出来る限り分かりやすく記させて頂く。

「今より先の代の年に、分国の天皇氏ができるぞ。

日本天皇が世界を統一する時が来るぞ。

六千三百六十五年後(平成六〇年)、万国五色人の天皇氏に大事変が起こり、五色人天皇が世界を統一する代になるぞ。

いよいよ万国五色人を再統一する代であるぞ。

天国の天皇と、皇祖皇太神宮別祖太神宮、神体神宝を預っている神主官が左の股に万国地図の紋を記すアザを持って生まれる代こそ、五色人再統一の時であるぞ。

天国天皇と皇祖皇太神宮別祖太神宮神主は、先の代六千三百七十五年（昭和七〇年）より神霊のしるし極みなく、生まれつきのすぐれた性質は神の守りによって発揮される。

（注）神宮神主は最初皇后であったが、後に皇族に代わり、さらに時代が下がって竹内氏が奉仕する様になった。

その代の天皇と神主に絶対そむくな。背くと天罰によって殺すぞ、死ぬぞ、つぶれるぞ、悩むぞ、よろずの苦に遇うぞ」

この神勅には、次代天皇の天照櫛豊姫尊の外四十六名が署名し、皇祖皇太神宮神宝巻として納祭された。

「今より先の代の年に分国の天皇氏ができるぞ」とあるのは、先の五十八代御中主幸玉天皇即位百一年に、支那の伏義神農両氏が日本に渡来して、天皇御専用の宇宙構造図を学び、天津金木と九字の術事を身につけさせたことに対してのお怒りの神勅である。

天津金木は、天皇と天皇のお身代わりの方だけが行なわれる神事であり、九字の術事は天皇御専用の文字制作の秘法であった。

この様な宇宙の中心天皇の神事や秘図を、国王の私事に用いさせようとしたことに対し、神勅でおたしなめになったもので、「支那に天皇氏が出来るぞ」と仰せられたものである。

　事実、その後支那の国王は、天皇の大嘗祭と即位式を真似、宇宙構造図を用いて甲骨文字・金文・篆書等を作った。

また、支那が歴史書において、世界文化の中心を表わす中国や中華の名を用いる様になったのも、天津金木や九字の術事を学んで行ったことが唯一の原因となっている。

　世界再統一の第二回目の神勅は、第一回目の神勅があってから、一二六五年後の天地明玉主照天皇即位三百五十七年に下っていた。

　皇后姫命に対しては、陰の神（月神身光神）からの神勅があった。

「思うことをそのまま言うと、人の命を引き取って短命にするぞ。

不自由にするぞ。負けるぞ。貧乏をするぞ。雨降るぞ。（天変地異）世界中を不和にするぞ。

天皇に対して陽の神（天照日神）からの神勅。

天皇を信心する者に対して、万事勝れる様に助け守るぞ。

月神身光神には、思うことをそのまま言われた言葉に人の命を取るとあったから思い知るがよい。しかし、天皇を信ずる者にはその五倍の人を生まれ出る様にするぞ。五倍増して生まれるぞ。人の命も五倍増して長生きするぞ。福徳、富貴、繁栄も五倍ましにするぞ。幸いに向こうぞ。

　天皇を信ずる人に幸を五倍に増し、極みなく天皇を信ずることが出来る様に守るぞ。晴天を五倍にし、天地五色人との和合繁栄が五倍勝る様に守るぞ。

先の代の六千十年（昭和三三年）までに、世界を再統一すべき天皇の時代に入る。

天下の五色人全体（黄人・青人・赤人・白人・黒人）の中心として、黄人の天皇一人に定める」と。

「思うことをそのまま言う」というのは、太古以来、宇宙の中心天皇と皇后のお言葉は、一度声として出された時必ずその通り実現した。

故に、人間の命は、このお言葉によって短命に定まったのである。

一般の人間でも、心に思っただけでは罪にもならないが、一度口に出してしまえば、その言葉に従って因果関係が現実的に現われてくるだろう。

なぜこの様な神勅があったかというと、先に世界巡幸の時、五色人王に対して、天皇の儀式を真似ることを厳禁されたが一向改めようとせず、しかも、天皇になれ親しんで、皇后を無視する様になったからである。

太古においては、皇后は天皇と不離一体のお立場にあって、しかも宇宙の中心天皇に心を通じるためには、必ず皇后のお許しが必要であった。

人間が、宇宙の中心天皇の御神気を感ずることが出来ないのは、皇后を無視して、直接天皇に通じ様とするからで、いかなる誠心をもってしても、人間から直接宇宙の中心天皇には通じないのである。

例えば、天皇の御長命を祈り奉るにしても、先に、皇后に対して天皇の御長命を祈り奉ってから、次に、天皇に対して同じ様に天皇の御長命を祈り奉らねば、その誠心が十分に通じない。

何故なら、皇后は、この世の中で一番天皇の御長命を祈っておられるからである。

また、宇宙の中心天皇に対して、何事かをお願いする時でも、必ず、先に皇后に対してお願いを申し上げ、次に、天皇に対して同じ様にお願いしなければいけない。

なお、太古において陽の神（天照日神）は、宇宙の中心天皇の表徴として現身の天皇と同一神であり、陰の神（月神身光神）とは、皇后の表徴として現身の皇后と同一神であった。人類は、天皇否定の宗教と学問が発生する以前において、青空に輝く太陽は現身の天皇を表わすものであり、夜空に輝く月は、現身の皇后を表わすものであった。故に、人間はこの世に生存する限り、一人残らず、太陽と月を通して天皇と皇后に誠心を通ずることが出来る。

二、第二次世界大戦の年代を示された二千九百六十年前の神勅

今から二九六〇年前、皇統第二十六朝七十一代天照圀照日子百日臼杵天皇即位十一年の神勅に、日本が、世界大戦によって国が危うく天皇の位が危うくなることを予言されていたのである。

皇居が九州の高千穂にあった時、高千穂の峯に祭ってあった皇祖皇太神宮の分霊殿が「火の神」を信仰する天孫族に災いされ、天孫天降神宮に改称されてから、八十一年後のことであった。

この時の神勅は、次の通り三つの部分に分かれて下されている。

「先の世無極代まで、天下万国に一人天皇と定め、大神宮神躰神宝に、必ず国民および五色人よ背くなよ。

背くと、天神日月神に見限られるぞ。

天国天神天皇に背く五色人必ずつぶれ滅びる。命失うぞ。

土の海となるぞ。変おこるぞ。

天国天神天皇の教えの道を守れよ。

五色人はおおみたからよ。」

「今から先の代、三千百二年目（平成一五三年）までに平和無くば、万国土の海のごとくなるぞ。天皇も国も滅亡ぞ」

「今から先の代、二千九百年目（昭和十四年）皇祖皇太神宮別祖太神宮の神主で、左股に万国図紋を持った神主が生まれる代、いよいよもって一大事。太神宮神躰神宝神主を捨て置くと、万国土の海のごとき事変（世界大戦）起こり、国あやうく天皇あやういぞ。

太神宮神躰神宝神主を祭り奉り、神主世襲取り立て大祈念すべし。

天皇世界統一することうたがいないぞ。必ず遺言堅く守れよ」

最初の神勅は、宗教民族の天孫族にだまされて、皇祖皇太神宮の祭神である太古以来のすべての皇祖を抹殺し、「火の神」という宗教上の一神を祭って、神宮名を天孫天降神宮に改めたことに対する御警告であった。

そのため「太神宮神躰神宝に必ず国民および五色人よ背くなよ」と詔されたのである。

「太神宮神躰神宝」とは、皇統系譜以下これに付属する御神宝のすべてを総称したもので、その御精神はことごとく、現身の天皇が宇宙の中心にましますことを証明したもので、これに背いてはいけないとおおせられた。

「天神日月神に見限られるぞ」とは、天照日神と月神身光神、すなわち、現身の天皇に備わる天照日神の御神気と、現身の皇后に備わる月神身光神の御神気に見限られるということである。

「天国天神天皇」とは「日の本の国に、宇宙の中心として御存在される、現身の天皇」ということで、太古以来よく使われる表現であった。

この神勅は、宗教上の天孫天降神宮が出現することによって、天皇御自ら、宇宙の中心天皇の御資格を放棄されたことになるため、世界は、天変地異の災いにより、人類滅亡の大難に遭うとお示しになったのである。

しかし、天皇側近の者に目覚める者がなかったため、その十年後（今から二一九五〇年前）

世界的天変地異によって、日本の国は壊滅してしまった。

次の神勅に「三一〇二年目までに平和にならなければ、天皇も国も滅亡する」とあるのは、その時までに、宇宙の中心天皇を基に、世界が平和に統一しなければ、人類は必ず全滅するということをお示しになったものである。

「平和」とは、現身の天皇を宇宙の中心に定めた、世界一家同胞の正しい生存様式のことをいうので、一時の妥協的な平和をいうのではない。

最後の神勅は、世界大戦と日本の敗戦を予告されたもので、すでに当時から定められていたことが分かる。

「今から先代の二九〇〇年目というのは、丁度昭和十四年に当たり、第二次世界大戦が勃発した。

年代の計算法は次の通りである。

日本書紀の紀元は、文章の裏面に正しい年代計算法が示され、実際の神武天皇即位元年は、日本書紀の紀元より六十年過去に溯らねばならないと記されているから、西紀と皇紀の差は七二〇年となって、神武天皇即位元年は、今から丁度二七二〇年前となる。

また神勅が下ったのは、それより二四〇年前であった。

なお実際の神武天皇即位元年が、日本書紀の皇紀元年より六十年多いことは、竹内文書の古代記録でも明らかにされている。

「皇祖皇太神宮別祖太神宮の神主で、左股に万国図紋を持った神主というのは、戦前、竹内文書が偽書として、官憲学者から排斥され「不敬罪」で告訴されていた竹内巨麿氏のことである。彼の左股に万国図紋があった。

ただし、昭和十九年（終戦の前年）に大審院（現最高裁判所）で無罪判決が下されている。「太神宮神躰神宝神主を捨て置くと、万国土の海のごとき事変（世界大戦）が起こる」というのは、皇統系譜その他すべての神宝類と、神宮神主である竹内氏が放置されると、世界大戦が起きるということで、次の事実が明らかとなった。

開戦の五年前、昭和十一年六月には、竹内巨麿氏が「不敬罪」で起訴されている。この年十二月西安事件が起きて、中国国民党と共産党が合作し、抗日戦線を形成した。その翌年昭和十二年七月には、蘆溝橋で日中両軍が衝突し、日中戦争が始まったのである。

そして、昭和十四年にはドイツがポーランドに侵入して、第二次世界大戦が勃発し、日本は翌十五年日独伊三国同盟に調印して、世界大戦に引きずり込まれる様になり、昭和十六年十二月対米英蘭開戦に決定した。また翌十七年三月に、竹内巨麿氏は有罪になったが、昭和十九年十二月大審院裁判により、無罪判決が出されたのである。

しかし、大審院に証拠として押収された、神宝類を含む四千点の古代文献資料は、昭和二十年三月九日の東京大空襲により焼失してしまった。

その年八月、終戦の詔勅が放送されたのである。

まさに、太神宮神躰神宝神主を、国家自ら放棄してしまったから、万国土の海のごとき事変（世界大戦）が起きたといわなければならない。

「太神宮神躰神宝神主を祭り奉り、神主世襲取り立て大祈念すべし」というのは、次のことを意味している。

世界大戦によって、神躰神宝が焼失してしまうことが予定されている様な表現であるから、たとえ神宝類が焼失しても、残存する一部の神宝によって、御神気を祭らねばならぬということであろう。

神宝類の外に、神主をも祭らねばならぬと強調されているが、何故殊更に、神宮の神主を祭らねばならないのか。

人類が、この宇宙に始めて出現した時、宇宙の底にある地美の国におりて、天地奉祭の神事（大嘗祭）を行なうために、御自ら神主として祭りを実行されたのは、人類始祖の女神であった。

この様に神主の大元は始祖の女神に発しているため、先ず女神の神主（祭り主）を祭ってから次に天地の神を祭るというのが、太古の鉄則であった。

また、始祖の女神以後は、皇后が祭祀を御継承され、人類が地球に移住した当初は、皇后が神宮において、毎日天地を奉祭しておられたのである。

後代になってから、皇后の代理の方が神宮神主として祭祀に奉仕される様になったから、祭祀に当たっては、先ず始祖の女神および祭主の皇后を祭らなくては、宇宙の中心天皇の位と天地の神を祭ることは出来なかった。

　また現身の皇后が軽んぜられる様になってからは、当然の結果、祭祀が根本から乱れて、天地の祭りを人類に公開したり、天の神と地の神を分離して祭ったりする様になる。

　この様な祭祀上の重大な誤りのため、必然的に、宇宙の中心天皇の御神気がおおい隠されてしまった。故に、人類にとって、現身の皇后に対する敬慕の念こそ、天皇の御神気に通ずる唯一の道と思って間違いはない。

三、神武天皇即位元年に下された第三次世界大戦の神勅

　先に説明した通り、神武天皇即位元年は世紀前七二二〇年に当たるから、今年から数えて丁度二七二〇年前であった。

　神武天皇の正しい御名は神日本磐余彦（かんやまといわれひこ）天皇と申し上げる。

　それより二三〇年前に起きた天変地異によって、日本をはじめ全世界は壊滅状態であったが、御父君の御努力によってようやく世界は復興された。

　しかし、越中の皇祖皇太神宮別祖太神宮は未だ、未完成のため神武天皇御即位の時は、神宮前の神通川（今の富山市西側を流れる川）の右岸から遥拝され、大和畝傍山の皇祖皇太神

宮分霊殿で、即位の儀式を挙げられたのである。勿論、神武天皇の東征物語は、すべて偽りであった。

この時、次の神勅が下っている。

「今から先の代二千六百六十九年（昭和二十四年）より、皇祖皇太神宮別祖太神宮神主、左股に万国図紋をもった神主の生まれる代、いよいよもって一大事。

太神宮神躰神宝神主を捨て置くから、万国五色人土の海のごとき事変（世界大戦）のため、国あやうく、天皇あやういぞ。

太神宮神躰神宝神主を祭り奉り、神主世襲取り立て大祈念すべし。

天国神国天皇、世界統一することうたがいない。遺言堅く守れよ」と。

この神勅は、先の神勅とほとんど同じ様であるが、御神意には大きな相違が拝察される。

先の神勅では、二九〇〇年目（昭和十四年）太神宮神躰神宝神主を捨て置くと、世界大戦になるぞ」ということであったが、この神勅では「二六六九年後（昭和二十四年）太神宮神躰神宝神主を捨て置くから、世界大戦になる」という。

先の神勅と後の神勅には、根本的な相違があって、年代も世界大戦も、その性質が全く別であることが分かる。

先の神勅で示された昭和十四年には、日本が第二次世界大戦に引きづり込まれ、敗戦によって国土は爆撃のために焼土と化し、天皇の御位は誠に危険な状態であった。

ところが、後の神勅に示されている昭和二十四年には、日本が敗戦になってもその原因を知らず、太神宮神躰神宝神主を捨て置いたままになっているから、再び世界大戦（第三次）が起きて、国が危うく天皇の位が危ういというのである。

すなわち、以上の二つの神勅によって、第二次世界大戦と第三次世界の二大戦争による、日本滅亡の危機を示されたものといえよう。

この第三次世界大戦については、幸いにもフリーメーソン魔術力の消滅により、回避することが出来たので、その前後の経緯について細説したいと思う。

この事は、最近になって日本の正しい歴史が解明され、古事記と日本書紀は、帰化人が日本征服の目的で作った皇室覆滅の陰謀書であって、神話は、天皇抹殺のために創作されたという事実が判明して分かったものである。

なお、天孫降臨の神話が作られた起源はさらに古く、メソポタミアから亡命して来たシュメール人とセム人（天孫族）が、当時皇居の近くにあった高千穂の峰の皇祖皇太神宮分霊殿を廃して「火の神」一神を祭る様に仕向けたのが始めであった。

そのため、宗教に惑わされた天皇側近の臣下は、太古以来の皇祖神をことごとく抹殺して「天つ彦火のニニギの命」という「火の神」一神を祭り、神宮名を「天孫天降神宮」に改め、全国的に「天孫降臨祭り」を行なったのである。

この時から、天皇は宇宙の中心ではなくなり「火の神」の子孫、すなわち、天つ神の御子、あるいは天孫族と同様に、天孫と称する様になった。

天皇が側近から奏請があったとはいえ、天皇御自ら宇宙の中心としての御位を放棄されたことは、そのまま天譴となって現われ、世界的天変地異と共に、日本の国は全滅してしまったのである。

そのため、神武天皇は天孫天降神宮を旧に復し、太古の祭祀に従って、天の神と地の神を一つの祭場で正しく祭られたが、残念にも、天孫降臨の神話だけはそのまま受け継がれて行った。

たとえ祭祀を太古の法に復しても「火の神」を皇室の祖先に定めた過去の思想が残されている限り、その祭祀は根本から間違っているといっても過言ではない。

故に、その後仏教が導入されると共に、天皇は仏の前に人民と平等となり、古事記・日本書紀によって、天皇は、天孫降臨の神話から生まれた神であるということになってしまったのである。

そして、神勅の通り世界大戦の起きるのは確定的となり、遂に昭和二十年、日本の国は焼土と化して、敗戦と共に天皇の位も危うくなってしまった。

しかし、敗戦の時は、すべてが天皇のお計らいにより何事も順調に行なわれたことは、当時の国民に全く知らされていなかったのである。

天皇は、日本の戦争終結を「敗戦」とは名づけられず「終戦」と定められたが、国民は終戦という御表現の意味を知らなかった。

天皇は、第二次世界大戦を人類の最終戦争に定められたもので、戦争放棄の憲法も、天皇の大御心から発していたのである。

日本は、世界最初に原爆製造の理論を完成し、日本には、原爆製造に必要なウランがないので、同盟国ドイツから、潜水艦で一トンを無事運び込み、新兵器が現実使用の段階にあった。

東条首相が、原爆の使用について上奏した時、天皇は「日本が最初に完成し使用すれば、他国も全力を傾注し完成させ使ってくることになるであろうから、全人類を滅亡させることになる。それでは、人類滅亡の悪の宗家に日本がなるではないか」といって、御賛成にならなかったという。

実に「終戦」とは、人類の最終戦争の終結を意味するのであった。

また、天皇は御英断をもって、八月十五日終戦の詔勅を放送され、さらに八月二十八日には、高松宮殿下を御名代として厚木飛行場に差遣され、すでに、敵艦隊と敵航空部隊に対して全員特攻命令が下っていた海軍特攻部隊全員を説得して、出撃を無事とどめられたのである。

一般には秘して明かされなかったが、当時、これらの御計らいがあったればこそ、マッカーサー総指令官は、無事厚木に到着することが出来た。

そして、マッカーサー元帥はフリーメーソン最高三十三階級の結社員として天皇と会見したが、大御心に接して感激し、次に、宮中に参内して謁見を賜うた時は、天皇の御神気に接し、後に「我れ神を見たり」を発言させるに至ったのである。

彼の在日中は、フリーメーソンの指令に反して、余りにも日本復興に献身したため、その後は、アメリカ国防総省からうとんぜられてしまったが、彼こそ、宇宙の中心天皇に仕える誠の臣であったといえよう。

次いで、翌二十一年元旦には、天皇御自ら、人間宣言ともいうべき詔を発せられ、天孫降臨神話に基づく神を否定された。

日本は、天皇の大御心により、順調に復興を遂げ、遂に昭和二十四年九月十三日、ワシントンで、アメリカ国務長官アチソンとイギリス外相ベビンが、対日講和会議早期開催について会談を行なった。これは、天皇が連合国からの拘束を解かれ、本来のお姿に復されたということである。

しかし、天皇を拘束していたのは、決して日本が敗戦になってからのことではない。

今から二九五〇年前ソロモン王が宇宙構造図に封印のしるしを施して、天皇の御神気を封じこめて以来のことで、長らく天皇の世界統治は不可能となっていたものである。

しかし、昭和二十四年、天皇が戦捷国の拘束から解かれ、本来の天皇に戻られても、一般の日本人は、人間天皇を軽蔑しながら、ただ守銭奴として日夜金もうけのために奔走していたのである。

　そして、平成三年まで四十二年間は、日本の政府自らフリーメーソン魔術力の求める、日本人の堕落改造に力を貸し、経済大国にあぐらをかいて愚行の限りを尽くし、世界から軽蔑されて来た。

　この間、フリーメーソン魔術力は、米ソ両国の冷戦構想を通じて、着々と第三次世界大戦を準備し、日本はその道具に利用されていたのである。

　そのため、昭和二十四年以降に生まれた子供は、学校で天皇を軽蔑するための民主教育しか受けられず、青少年の間は、家庭暴力、学校荒廃の主役として暴れ回った。

　また成人になると国家社会組織の破壊に命を掛け、長じて闘争社会に勝ち抜いても、孤独と闘争だけが人生の生きる道となる。親子夫婦の安住すべき家庭すらも、お互いに権利を主張する修羅場と化してしまう。当然、この様な家庭から、人間感情の欠落した狂人少年が育って行く。

　そして、フリーメーソン魔術力の計画する、バブル経済の崩壊と共に、堕落の極に達した日本人は、地獄へ真っ逆様に落ちる如く、これまでに築いた富を、一朝にして失った。

　ところが、日本の国が経済破綻をきたして、フリーメーソンに乗っ取られ様とした平成四年、突然、天皇の御神気が発動され、フリーメーソンによる世界征服完成の直前において、魔術力は消滅したのである。

その年以来、フリーメーソン魔術力の計画した、新世界秩序構築は画餅に帰し、世界は新しい時代に入った。

ここにおいて、神武天皇即位の時に下された神勅は御聖旨の通り実現され、世界平和への道が、ようやく開け始めたのである。

四、フリーメーソン魔術力とは天皇を放棄した人類に対する愛の制裁である

先に述べた様に、今から二九六〇年前、高千穂の峰にあった皇祖皇太神宮分霊殿を「天孫天降神宮」に改称したことに対して神勅があり、その十年後、日本の国は天変地異のため全滅した。

日本の国が全滅した時、中東カナンの地にあったエルサレムのソロモン神殿から、フリーメーソン秘密結社が生まれたのである。

しかし、ソロモン神殿は、東方からメシヤ（日本の天皇）をお仰えする様に仕組まれ、十戒は、天皇の勅によってモーゼが作ったものであるが、ソロモン王は、十戒を改ざんして、神殿の外に宮殿の玉座を設け、自ら天皇に代わり宇宙の中心であることを僭称した。

その時、ソロモン王が、世界を支配する能力を得るため最初に行なったのは、宇宙の中心天皇を表徴する、宇宙構造図に封印を施すことであった。

この宇宙構造図は、天皇から全世界の王者に示され、王者の身の守りに与えられた天皇御作の文字と共に、文字の形が変えられぬ様にとのお計らいから、文字制作の原図として教えられたものである。

したがって、天皇専用の文字制作の図式（宇宙構造図）は、全世界の王者に知られていたが、門外不出として極秘にされていた。

なお、メソポタミアの楔形文字は、天皇から与えられた身の守りとすべき文字を、広く雑用に使ったものである。

宇宙構造図に封印を施す要領は、図式に充満している、天皇の御神気を封殺するため、これに「封印のしるし」を施した上で、図式の中に調和を破壊する新しい図式を書き入れればよい。

さらに、この新しい図式に対して、ソロモン王魔術師が自ら呪文を唱えて、これに悪魔の霊を呼び寄せれば、簡単に天皇の御神気を封じ込めることが出来た。

何故なら、日本では、天皇御自ら天孫天降神宮を作って、太古以来の皇祖を抹殺され、「火の神」（地の神）を祭って当時すでに天皇は、宇宙の中心としての位を放棄されていたからである。

ソロモン王魔術師は、悪魔を呼ぶ儀式によって天皇の御神気を封じ込め、宇宙の調和統一を司る力を除き去ると共に、これに代わって、魔物の霊による宇宙の破壊と滅亡を司る力を、自分の身につける様になった。

勿論、ソロモン王は、自分が世界を支配したいという野望をもったが、逆に魔物の霊が、ソロモン王に乗り移って、ソロモン王の姿と心をもって、全人類を支配するものである。

この魔物の霊は、人類を滅亡させた上で、新しい獣化社会を創造し、人間は一人残らず、魔王の下に、けだものとなってこき使われるもので、そのために、神の選民として選ばれたのが、ユダヤ民族であった。

しかしユダ民族には、世界を統一して自民族が世界を支配するものと信じさせていたが、実際は、人類滅亡のための選民として選ばれた、不幸な民族で、魔物の道具に利用されたものである。

そのため、フリーメーソン最高賢者の魔術師に乗り移っている魔物の霊は、歴代の魔術師に巨大な霊力を引き継がせ、二千九百四十年間にわたり世界人類を自由自在に支配してきたのである。

ソロモン王が、宇宙の中心天皇の御神気を封じ込めた図式の中に、宇宙の調和を破壊する図式を挿入したものは「ソロモンの鍵」といわれ、パリのアルスナル図書館に保管されていた。

（参考文献「世界シンボル大事典・四二二頁」大修館書店刊）

「ソロモンの鍵」は、魔術師の鍵で、ソロモン王が著わしたものといわれている。

そして、どんな魔術師も、自分の手で書き写したものを身につけていなければ、悪魔の力を借りることが出来なかったという。

「ソロモンの鍵」の示す図式は別表（図1）の様なものであるが、この図式は、一見して宇宙構造図を悪用したものであることが分かる。

図1「ソロモンの鍵」の示す図式

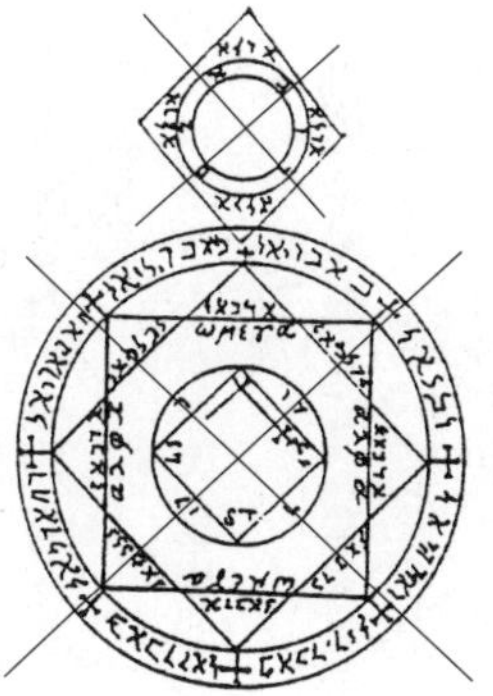

パリ
アルスナル図書館
「世界シンボル大事典より」
［ソロモンの鍵］
［18世紀の書写］
（注）図式の悪用を避けるため抹消のしるし（×印）をつけてある。

「聖書」列王紀上第十章二三には、次の通り記されている。

「このようにソロモン王は、富も知恵も他のすべての王にまさっていたので、全地の人々は、神がソロモンの心に授けられた知恵を聞こうとして、ソロモンに謁見を求めた」

ソロモン王は、豪華な富と知恵を得ていたが、日本滅亡と共にモーゼの遺志に反し、天皇に代わって、世界をわが物にしたいと思ったのである。

太古以来、人間は一人残らず天皇から分かれ出た兄弟として、現身の天皇を中心に、一つに結ばれていたから、天皇の御神気に守られ、幾千億万年の間、世界一家同胞の楽しい生活を送っていた。

しかし、天皇の御神気がおおい隠されると共に、人類は一瞬にして、ソロモン王に乗り移っている悪魔の霊に支配され、獣類さながらに、闘争しなければ生きることが出来ない様になってしまったのである。

それでは、何故ソロモン王が、天皇中心の志をひるがえして悪魔の霊を身に付け、天皇の御神気を封じ込めたのだろうか。

それは、当時全世界を風靡していた天皇否定の思想に対して、地球地主の霊が怒り、悪魔となって、天皇を放棄した人類に反省を求めているのである。

故に、悪魔の出現は、人類が天皇を放棄した当然の結果で、自ら招きよせたものといわなければならない。

すなわち、フリーメーソン魔術力とは、天皇放棄の人類に対する愛の制裁というべきもので、人類が自覚さえすれば、瞬時に解消されるものであった。

五、フリーメーソン魔術力の解明

日本人は、ソロモン王によって天皇の御神気が封じ込められて以来、フリーメーソン魔術力に操られてきたから、害悪の根が深く、現在に至っても、その影響について感知する人はほとんど居らない。

しかし、すでに平成四年一月、日大皇学研究所から、フリーメーソン魔術力に対して「日本天皇は宇宙の中心的御存在である」との声明を発表し、その月から、直ぐに魔術力を消滅させることが出来た。

その後の世界状勢と日本の国状は、めまぐるしい変化を遂げ、人間は本性を取り戻して、あらゆる過去の偽りに気がつき始めている。

ただ世界の指導者および日本の有識者が、宇宙の中心天皇に目覚めるまでの間は、しばらく混乱が続くであろう。

やがて、世界の指導層が天皇に目覚めると共に、過去のすべての知識が、天皇否定の宗教と学問により、偽り作られたものであることが自ずから証明され、人類も、本来の姿に立ち返ることが出来る。

それでは先ず、フリーメーソン魔術力が消滅した事実について、これを証明するため、魔術力の本源である「ソロモンの鍵」から解明したいと思う。

「ソロモンの鍵」は、次の通り三段階の方式で、天皇の御神気に対して封印を施しているから、この三つの秘密が解けた時、魔術力の働きがすべて解除されることになっていた。

（一段階）

宇宙の中心にまします、現身の天皇の御神気を表わす図式を封印したこと。

（二段階）

宇宙の調和統一を破るための、図式を挿入したこと。

（三段階）

宇宙の調和統一を破る魔術力により、全人類を滅亡させる図式でしめくくっていること。

右三段階封印の図式によって、人類が何故戦争や内乱のために苦しまねばならぬのか、また、すべての人間が、何故毎日生きるために闘わねばならぬのか自ずから明らかにされるだろう。
◎一段階の説明
宇宙の中心にまします、現身の天皇の御神気を表わす宇宙構造図（図2）は、宇宙の中心点の位に立たれる天皇が、宇宙万有の調和統一と現霊両界の統一支配を計られるためのものである。

天皇は、この図式を用いて言葉と文字と数を作り、念と言葉の力を用いて、宇宙を自在に操作することが出来た。

図2（天皇の御神気を現わす宇宙構造図）

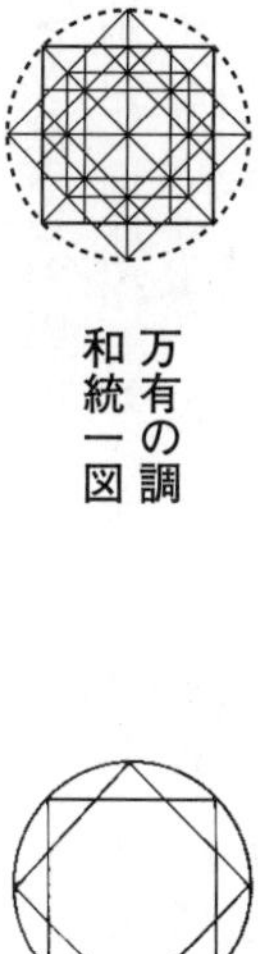
現霊両界の統一図

したがって、現身の天皇の御神気を表わす図式に封印を施すことは、天皇の御神気を封じ込めるものであった。

「ソロモンの鍵」では、宇宙構造図の八方位に十印をつけて、霊的に、天皇の御神気が発動しない様に固定している。

宇宙構造図に固定の印を記した「ソロモンの鍵」（一段階）の図（図3）を注意されたい。

図3（現身の天皇の御神気を封印した図式）

宇宙構造図に固定の印（十印八ヶ所）を記している「ソロモンの鍵」一段階

◎二段階の説明

現身の天皇の御神気を表わす図は、万有の調和統一と現霊両界の統一支配をかたどって、円に内接する正四角形と、これを四十五度回転した形を重ね合わせたものである。(図2参照)

また、正四角形を斜めにした形は、宇宙構造図において万有の回転を表わすと共に、現界に対して霊界を表わすものであった。

万有の現在は現界であるが、万有の回転と共に過ぎ去った過去と来るべき未来はすべて霊界に所属する。

したがって、万有は現在の現界が中心で、過去未来の霊界は従である。

ただし、有史以来宇宙の中心天皇を否定したため、現界と霊界のけじめが定かでなく、現界を中心にするという考え方も失われてしまった。現に霊界という熟語はあっても、現界という熟語はない。

宇宙構造図では、万有の現在(現界)を表わすために、円に内接する正四角形を描き、これを宇宙万有の中心点である天皇の表徴に定めた。

この表徴は、人類が始めて地球の十六ヶ所に分散し、十六名の皇子皇女が国王として派遣された時に、天皇の紋章となり、日の丸の旗と十六綺型の紋章が生まれたのである。

また、皇后は天皇と不離一体の御関係にあって霊界を司るため、天皇のお身代わりとなって神宮祭祀に任ぜられた。

そのため、正四角形とこれを斜めにした形とを重ね合わせた図式を皇后の表徴に定め、八咫鏡形として、皇后紋章と神宮の紋章に用いられたのである。

図4（天皇位の表徴と皇后位の表徴）

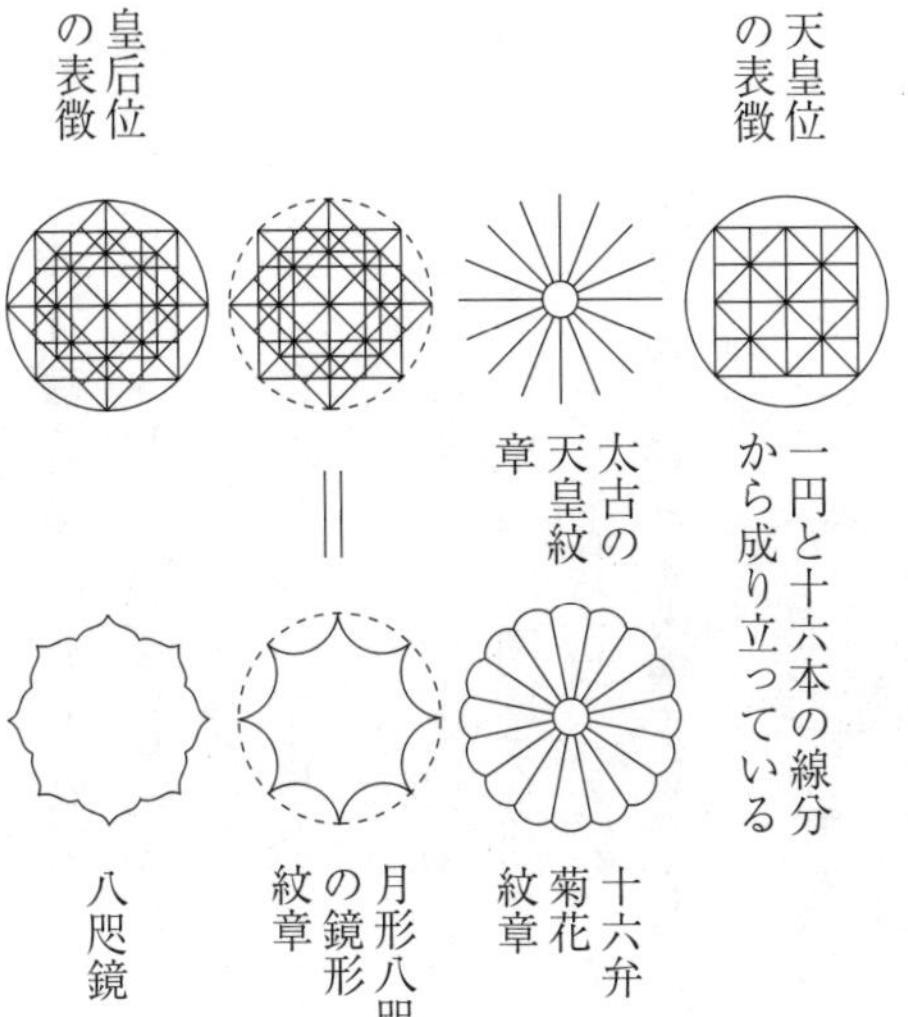

天皇紋章と皇后紋章（神宮紋章）を図解すると、別表（図4）の通りであるが「ソロモンの鍵」を理解するため最も重要な点であるから特に留意されたい。

天皇の紋章は、太古以来日の丸の旗であった。

それは、天皇の表徴図を基にして作られたもので、宇宙の主宰者を表わしていた。

日の丸の旗の作り方は、宇宙万有を表わす一円と十六本の線を組み合わせた図式を赤く塗りつぶして「日の神赤玉の旗」と名付けられたが、これが日の丸の旗の始めである。

十六弁菊花紋章は、円内の十六本の線分を円の周囲に十六条光線として表わし、後に菊花十六弁に改められた。

月形八咫の鏡形紋章は、始めて神宮が作られた時からあったもので、当初、皇后が神宮の祭り主であったから「日の神赤玉の旗」が作られた時、皇后紋章皇后位の表徴に定められた。

以上の図説で明らかな様に、天皇位の表徴と皇后位の表徴は、現界の中心点と霊界を司られる皇后とが不離一体となって、宇宙万有を調和統一し現霊両界を統一支配されることを表わしている。

さて「ソロモンの鍵」では、宇宙の中心にまします、現身の天皇の御神気を封じ込める図式を描くと、その中に、円に内接する斜めの正四角形の図式（図5）を挿入している。

これは如何なることを表わしているのであろうか。

図5　（宇宙の調和統一を破壊するための図式を挿入）

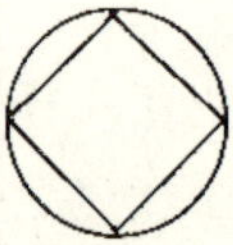

万有の回転と霊界を表わす図
「ソロモンの鍵」二段階

この図式は、現身の天皇位の表徴である、円に内接する正四角形を斜めにした形で、万有の回転と霊界だけを表わして、現界の正四角形を欠如している。

また、天皇の表徴図を傾けて、宇宙の中心天皇の御存在を否定している形となり、宇宙の調和統一を破壊するための図式となっていた。

かつてフリーメーソン魔術師ワイスハウプトの霊を身につけた、オーム真理教の教祖が、皇室周辺に細菌をまいて、宇宙の中心天皇の抹殺を計ったのも、魔術力の霊導による当然の行動であった。
◎三段階の説明
「ソロモンの鍵」の図式について、一段階と二段階の説明により、天皇否定のための理論を明らかにしたが、これをどの様に実現すべきかを示したのが、三段階の説明である。

三段階は、宇宙の調和統一を破る魔術力により、人類を滅亡させる図式で、これに呪文をかけ、念力によって自在に全人類を支配することが出来た。

図式は、別表（図6）の示す通り宇宙の中心天皇の御神気を封じ込め、宇宙の調和統一を破壊するための秘術を示すものである。

図6　（宇宙の調和統一を破壊する力
〈魔術力〉によって全人類を滅亡させる図式でしめくくる）

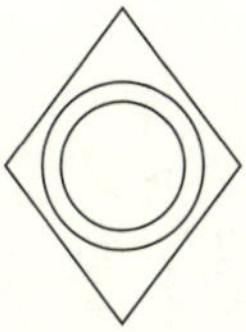

魔術力によって全人類を滅ぼす図
「ソロモンの鍵」三段階

図式をよく見ると、正四角形を斜めにしたものではなく、ひし形になっている。これは宇宙の万有を表わす正四角形が、回転変形して調和統一が破られている状態を表わすもので、魔術力の破壊力を示したものといわなければならない。

また、ひし形の中に二重丸が記されているのは、一段階の天皇の御神気を封じ込めた図式と、その中に挿入した、宇宙の調和統一を破壊するための図式が秘められている。

すなわち、フリーメーソン最高賢者の正系の魔術師は、この「ひし形の図式」を心に描き、その中に宇宙の中心天皇の抹殺と、万有破壊の念を込めて呪文を唱え、自分の願い事を悪魔に祈れば、世界を思うがままに支配することが出来た。

また、西欧の一般の魔術師でも、この図式を写し持っていなければ悪魔の力を借りることが出来なかったという。

六、フリーメーソン魔術力の消滅

フリーメーソン魔術力は、ソロモン王がフリーメーソン秘密結社創立以来、歴代の正系魔術師が継承して、悪魔の力を発揮してきた。

そのため、ユダヤ人を神の選民に定めて慢心を増長させ、この民族を世界に分散させて、陰から全人類を対立抗争の世界に導いて来た。

かつて、人間殺傷のるつぼと化した宗教戦争・海外侵略・内乱革命・世界戦争は、ことごとく魔術力の強制によるもので、人類はこれに踊らされたに過ぎない。

これが、宇宙の中心天皇を放棄した、哀れな人類の姿であった。

それでは、どうしてソロモン王のために宇宙の中心天皇の御神気が封じ込められたのであろうか。

それは、当時の天皇側近の者達に、すでに宇宙の中心天皇を信ずる力がなかったからである。

天皇を軽視することは、人類がこの宇宙に生存する価値がなくなったことを意味するもので、地球地主の霊が、悪魔となって人類に鉄槌を加えるのは、極めて当然なことであった。

有史以来、人間の一人一人が闘争しなければ生きることが出来ない様に仕向けられ、あらゆる人間関係において対立が生じているのも、ほとんどの人間が魔術力の支配下にあって、魂が獣化されていたからであろう。

そして、フリーメーソンの世界革命（人間の獣化世界達成）の最後の段階で、天皇の本拠地日本の国を乗っ取ろうとした時、平成四年一月に到って、突然魔術力は消滅したのである。

これまで長年の間、天皇が宇宙の中心であると信じてもこれを公に発表出来ず、空海の様に「大日如来」で表わしたり、日蓮の様に「南無妙法蓮華経」という方便の名を用いてきた。

現身の天皇は、全人類の代表として宇宙の中心点の位に立っておられるため、人民の方から目覚めぬ限り、天皇の方から宇宙の中心であることを具体的に宣言されることはあり得ない。

人類が暴逆で、どうしても目覚めることが出来ない時は、後醍醐天皇の様に天皇親政をかかげて人民に反省を求められるだけであった。

この時代に、宇宙の中心天皇を自覚していた楠木正成は「七生滅賊」の精神を残して、後醍醐天皇の御聖志を後世に伝えたのである。

この精神が、六五六年後に至ってようやく実現したが、これこそ、天皇の御神気に導かれながら、靖国神社の英霊と多くの忠臣烈士の誠が実ったもので、決して、一部研究家の自覚によるものではない。

平成四年を転機として、日本および世界の諸状勢は大きく変わり、人類もようやく、物事を正常に判断出来る様に変わりつつある。

日本の政治は、過去のフリーメーソン指導の体制が崩れ、経済も、フリーメーソンに踊らされた亡国景気も終わって、浮かれ気分も収まって行く。

そして、長年偽って来た日本古代史も、三内丸山遺跡の発掘によって、五千年以前の見事な文化が現われ、日本歴史の見直しが求められる様になった。

また、フリーメーソン指導に基づくこれまでの青少年教育も、魔術力の消滅と共に、遂次根本的な改革が必要となって来た。

青少年の狂った凶悪犯罪の激増や、オーム真理教の無差別大量殺人の暴挙は、これまでの教育が、根本から間違っていたことを雄弁に物語っている。

一方、科学が生んだ公害は一般の常識となり、科学者への人気は急落した。フリーメーソンの創始した文学も衰退して、書店の売上は急激に落ち込んで行く。

日本においては、これまでフリーメーソンの手先となり自由平等の思想を最も強く押し進めて来たものは文学であった。

「シオン賢哲の議事録」には「所謂先進国と称する文明諸国に、我々は、馬鹿げた淫蕩的卑猥な、唾棄すべき文学を創始しておいたが、我々は、此の傾向を世界支配達成後も対照的になおしばらく奨励するであろう」とあったが、すでに魔術力が消滅したから文学は終焉を迎えることになったのであろう。

なお、日本に世界に先がけて文学書「源氏物語」が出来たのは、魔術力が、世界の中心である日本を始めから攻撃目標にしていたもので、日本から文学が発生したのは、当たり前のことであった。しかも文学の内容は、あくまでも天皇否定の思想が根本となっていたから、紫式部は、魔術力に踊らされたものである。

日本人は「源氏物語」によって、始めて天皇否定の信念を固めた。

世界の状勢変化についても、現在の民族対立や宗教対立は、フリーメーソンによる世界統一が突然消滅したための混乱で、人類が、これまでのフリーメーソン魔術力の害悪に気付くと共に収まって行く。

フリーメーソン魔術力は、天皇の御神気を抹殺して、人類の魂を呪縛してきたのであるから、呪縛から解放された魂は、一刻も早く、宇宙の中心にまします天皇のもとに帰一しなければならない。

かつて、人類滅亡に力を貸した者には、必ず魔術力の援助が与えられたから、わがままな行為も世の中にまかり通ったが、魔術力の援助がなくなった今後は、天皇に目覚めぬ限り天譴を受けるであろう。

七、全人類はすべて太古天皇から分かれ出た兄弟である

人類は、この宇宙に発生以来、幾千億万年の間宇宙の中心天皇を基に平和統一の生活を楽しんで来た。

ところが、今からわずか三千数百年前に、天皇否定の宗教と学問が発生し、特に二千九百五十年前から、天皇の御神気が封じ込められ、人類は、魔術力の奴隷と化してしまったのである。

人類は有史以来、国家、社会、家庭、個人すべてにわたって、闘争しなければ生きることが出来ない様に獣化されたしまったが、太古人類には闘争がなくすべて兄弟であったから宗

教が発生するまでは人を殺すことを知らなかった。

人類が、始めてこの地球に降臨する時は、天の浮船に乗って飛来されたが、この時の天皇の御名を、皇統第一朝初代天日豊本葦牙気皇主天皇と申し上げる。

天皇は、他の天体惑星「日玉の国」において、大嘗祭と即位の儀式を挙げ、御自らの御意志に基づいて、五色人の主だった者を引き連れ、大挙して地球に移住された。

勿論、人類は他の惑星を転々と移住して来たから、今でも人間が他の惑星に住んでいるが、現天皇はすべての惑星に住む人類の代表者である。

また人類は、地球において増え続けたから、皇統第二朝造化気万男天皇の時、十五人の皇子と一人の皇女が国王として、全世界十六ヶ所に派遣された。

なお、太古の人達は、念力によって自在に粒子を変換することが可能で、空中を飛行することが出来たから、世界各地に分散派遣するといっても、特別困難なことではなかったという。

故に、現在の人類はいかに多くの種族があっても、すべては天皇の御子孫または他の天体惑星から移住された方々の御子孫で、その大元は、人類の始祖から分かれ出た兄弟である。

そのため、他の天体惑星で、国万造主天皇が始めて天皇として大嘗祭を行なわれた時、天神人祖一神宮をお造りになり、天皇を始めすべての人民が、神宮に祭られることになった。

皇統第三朝天日豊本黄人皇主天皇の時、次の詔が下っていた。

「先の代々、天国神州の天皇初め上下民、万国五色人等よ、神幽りし体骸を神に葬るを神勅に定む。

神幽る体骸を峯に葬る一年祭・三年祭・五年祭に骨像体を造り、神名を神代文にてミドジ（凹字）刻り付け、天神人祖一神宮へ合わせ祭り、十年祭・三十年祭・五十年祭・百年祭・千年祭することを定む」と。

この詔は、天皇を始め全人類が神幽りした時には死体を山の峯で風葬にし、五年祭の時に、骨を粉にして石灰で固めこれを骨像として、天神人祖一神宮へ合せ祭ることをお定めになったものである。

この葬祭法は、皇統第十朝高皇産霊天皇の時に、天神人祖一神宮を皇祖皇太神宮別祖太神宮という名に改められた時、次の通り詔りされた。

「先の代天皇始め、上下民万国五色人神幽りし人体骸を、地の中に奥都宮（陵墓）を造りて、神に葬ることに定む。

神幽る体骸を葬る主（葬祭主）を始め、葬らるる神霊も天然に神に葬り祭りせよ。

葬る主の顕世（現世）は安泰平安長寿、孫まで安全なるぞ。

先の代に、支人の造り竝べし教法にて葬ると、生まれるに惑い、死るに迷い、万の災い会うぞ、貧乏短命となり万苦しむぞ。

先の代に悪人となり困難に生まれるぞ。

神州人、万国五色人よ、天然の神に葬ることとせよ。守れよ。葬る主は身体健全、富貴繁栄するぞ。万事がうまくゆき天職を守るぞ」と。

この詔は、風葬祭から埋葬祭に変わったことを表わしているが、天皇直系の皇祖の御神霊は、皇祖皇太神宮に祭り、全人類の神霊は、別祖太神宮に祭るということである。

今から六三四四年前、皇統第二十六朝五十九代天地明玉主照天皇即位六十五年に下った神勅は、次の通りであった。

「天国神州の天皇始め、上下万民万国五色人上下は、神幽る体骸を葬る祭主よ、体骸を神に葬ることをせよ。

先の代に、必ず、支人のさまざまな教法を造り立べし葬法に惑うなよ。

生るるに惑うなよ。死ぬるに迷うなよ。迷うて別教法にて体骸を葬ると、国と家と子孫へ万の災い貧乏、短命、困難、苦しみに合うぞ。

幽世（あの世）顕代（この世）先の代（来世）に必ず苦しみ、貧乏、悪人、また、カタワ、万病者に生まれるぞ。

神州人よ、万国五色人よ。天然の神州の神に葬るこそ、神幽りし体骸の神霊、体骸を葬る葬主の天の道にかない、この世も死後も、安泰平安に天職を全う出来ると知れ。

神幽りし霊は四つに祭るをいう。幽界も現界も、極みなく楽しき世に生まれ出るぞ。

荒魂《あらみたま》は体骸につけて葬れ

奇魂（くしみたま）は天神日の国（太陽）へ葬れ
和魂（にぎみたま）は子孫の家に伝え、霊牌に霊を遷し祭る
幸魂（さきみたま）は皇祖皇太神宮（別祖太神宮を含む）の神に合わせ、百日目に霊を遷し祭る。

天然に神を祭り、先の代々に神幽りし体骸を、神に葬ることを堅く守れよ。峰に風葬祭、地に埋葬祭、水葬祭、火葬祭、体骸を四つの方式に葬ることを定む。神幽りて十日目祭、二十日、三十日、四十日、五十日、百日祭に皇祖皇太神宮（別祖太神宮を含む）へ霊を遷し祭ることをせよ。五年祭、十年祭、二十年、三十年、四十年、五十年、百年、二百年、三百年、四百年、五百年、千年、二千年、三千年、四千年、五千年、一万年、二万千年、三万千年、四万年、五万年目、ごとに祭りをせよ。

天国天皇のために、家と身のために祭れよ。信仰すべし、必ず神を信仰することをわすれるなよ」と。

（注）皇統系譜において「神を信仰する」とは宇宙の中心天皇を信仰することをいう。

この神勅があって三ヶ月後、天皇は、

「上下民等へ、万国五色人民へ、葬る法式を教え伝うることを定む」と詔され、先ず支那の国王伏義氏神農氏に伝えられた。

次に万国五色人に、体骸を葬る式の教官を定め、天皇が万国を巡幸の時、国々に教官を残し置いて教えを広められたのである。

また別に、教官を二百二十名万国に残し、教官の住んでいる所に、その人の名を地名として名付けた。

以上の様に、人間が死んだ時は必ず神として葬り、御霊を皇祖皇太神宮別祖太神宮に遷し祭ることを広く徹底されていたのである。

また、太古は、太陽を宇宙の中心天皇の表徴として拝し、人間はすべて、太陽から生まれ太陽に帰るという信念が常識となっていた。

故に、宗教発生以前の太陽信仰は、宇宙の中心天皇を対象とするものであったが、メソポタミア文明から、天皇否定の地神信仰が生まれてから、正しい意味が失われてしまったのである。

八、世界の平和構造は太古から定まっていた

人類は、有史以来対立抗争にうつつをぬかしてきたから、闘争より外に考える力がなく、わずか人と人との交流においても、気位とか差別意識のため、お互いに心を通じ合うこと

は出来なくなっている。

もし心が通じ合う場合は、利益打算の関係のみで、本当の誠の交わりを知ることは出来ない。

宗教において同一の神を信ずる者は、教祖の霊に自分の魂が支配されているため、信者同志は一体である。

その代わり、他の宗教に所属する者に対しては、絶対に心を許さず、必要とあれば戦いをいどみ、他宗教の撲滅を計ることが、聖なる使命とさえ考えているだろう。

親子関係でも同じことがいえる。子の魂が親に支配されている間は、親子不離一体であっても、子が一人立ちして魂が独立すれば、その時から対立関係に変わってしまう。

たとえ一家の団結が固くとも、一度外に出て他家と接すれば、利益打算だけが交わる条件となり、条件が満たされなければ対立関係となる。

この様な人間の集まる闘争社会では、人間全体が各個ばらばらで、闘争の原理に基づいて、人類滅亡を招来するのが至極当たり前といわなければならない。

故に、闘争を原理とする宗教と学問の発生は、人類が滅亡するために生まれたというべきで、宗教家が人間の幸福を説き、学問が平和世界を論ずるというのは全くナンセンスである。

これに不服をいう方に、もう一歩進めて説明しよう。

宗教とは、教祖教団教義から成り立ち、教祖は、自分の神（仏）を宇宙の中心に定めたいのが最終の目的であり、他宗教との真の和合は不可能である。

　また教団は、自分の宗教を世界一の大宗教に広めたいのが本音であるから、必然的に、他宗教教団と対立関係にある。そして、教えは必ず宗教によって霊を異にするため、全宗教を同一の目的にすることは出来ない。

　故に、宗教は、闘争しなければ発展出来ない様に宿命づけられている。

　当然、宗教の拡張発展には、他宗教との闘争と異教徒への弾圧は必至となり、かつての宗教戦争の様に、人間殺戮が宗教の聖戦ともなり、あげくの果ては、殺人が人を救うための手段とも考えるであろう。

　人類が始めて人を殺すことを知ったのは、天皇否定の宗教が発生したためで、今日の闘争社会の元凶は、宗教そのものの宿命的本質に根ざしている。

　また、学問によって世界を平和に導くのも、全く不可能なことで、学問の本質が、雄弁に証言している。

　学問とは、真理を極めるためにあるという。それでは真理とは何かといえば、お互いに自分の経験に基づいて、各自勝手な理論を弄び、何一つ統一的な見解が得られない。

　真理を探究するという学問は、目的そのものが宇宙の中心を否定して、宇宙生成の原理を別に求めようとするのであるから、学問は宗教と同様に、天皇を否定するのが目的であった。

　しかも宗教の様に、学者が、各人各様に真理を求め自分の意見によって他の意見を統一したいという野心があるため、学説上の争いは避けて通ることは出来ないのである。

故に、学問が発達すればするほどに新しい真理が生まれ、思想の統一は全く不可能であるといわなければならない。

人類が、いかに平和安定を求めたいと思っても、闘争の原理から成り立っている宗教と学問に頼って、平和安定を求めるのは、かえって闘争を深めるだけに終わる。

人類永遠の幸福はすでに過去幾千億万年におよぶ実体験があるのに、何を好んで、わずか三千数百年来の宗教や学問に頼りたいのか。

本当に、人類が真の平和と安定を求めるのであれば、先ず宗教と学問に頼ってはいけない。

今から六〇五二年前、皇統第二十六朝五十九代天地明玉主照天皇は、次の通り、大神宮へ天皇自身神勅を上記して納祭された。

「……

今より遠く先の代々六千十年目（昭和三二年）内外に、必ず五色人統一の再興する時ぞ。

五色人の主は我が天皇の後を継ぐ天皇であるぞ。

棟梁皇祖皇太神宮の神体、神宝は天皇の宝ぞ。

万国の五色人の主、天皇の統一する時ぞ来る。

これは天のなす事ぞ。

その年より皇祖皇太神宮の神の霊験、神霊あらたかに働かせるぞ。神主に神の守りあること万倍力ぞ。不思議に霊験あるぞ。それにより先の代々無極代まで、高く、貴く、正しく、神の守りあるぞ。神勅なるぞ……」

これは、天皇による世界の統一が「天のなす事」として、人間の力ではなく、天皇の御神気によって達成されることを示されたものである。

すなわち、人類が目覚めさえすれば、天皇の御神気に守られて世界が自然に平和になるということであった。

本来、天皇は宇宙の調和統一を御使命とされるため、これまで不可能とされてきた宗教問題、民族問題、人種問題、人口問題、環境問題等は、ただちに解決に向かって進む。

例えば、宗教問題は、宗教家が自分の信ずる力を天皇に向けることが出来れば、必ず宇宙の中心天皇を覚り、たちまち宗教の呪縛から解放される。

また民族問題は、各当路者が宇宙の中心天皇を信ずることにより、全人類は同じ兄弟であることを覚らされ、他民族との和合へと向かう。

先にも説明した通り、魔法陣は宇宙の中心天皇（五の数）を中心に定めることによって、宇宙全体（一、二、三、四、五、六、七、八、九の数）の調和統一が保たれることを表している。

全人類が、宇宙の中心天皇を基に結束すれば、不可能なこと存在しない。

九、宇宙の中心天皇に通じる前提は死刑の廃止にある

宇宙の中心天皇への自覚の必要性が分かっても、天皇に通じる道を知らなければ、ただの知識に終わってしまう。

宇宙の中心点とは、宇宙万有を調和統一する力であって、天皇にその力が備わっていることを信ずることが出来なければ、本当に天皇に通じることが出来ない。

それでは、どうすれば天皇に通じることが出来るのだろうか。

今から幾千億万年も昔、他の天体惑星において、天皇として始めて大嘗祭を行なわれた、天神第六代国万造主大神身光天皇は祭式の順序を次の通り定められた。

一、最初に祭り主の祖の神（人類の始祖の女神）を祭る。

二、次に祭り主（皇后の位）を祭ってから主神の地主の神を祭る。

三、次に祭り主（皇后の位）を祭ってから主神の天地の神を祭る。

天地の神を祭る時は、必ず、先に天の神を祭り次に地の神を祭られた。

四、最後に宇宙の中心点天皇の位を祭る。

これは皇統系譜に基づいて、分かりやすく記したものであるが、祭りの場合は必ず先に祭り主を祭ってから主神を祭る。

これが、太古以来の祭祀の法則となっていた。

祭祀と同じ様に、政治の場合も事を行なう時は、臣下から先ず皇后に申し上げ、皇后のお許しを得た上で天皇に申し上げるのでなければ、宇宙の中心天皇に通じないことになっていた。

たとえ、いかに位人臣を極めようとも、天皇と不離一体にましますを皇后を通じてのみ、宇宙の中心天皇に達するので、直接臣下が天皇に申し上げても、ただの人間天皇からの反応しかない。

これと全く同じく、人民各自が、心の中で宇宙の中心天皇に何事かをお願いする時は、先ず皇后陛下にお願いしてから、次に天皇陛下にお願いすれば、必ず宇宙の中心天皇に達することが出来る。

ただし、自分の使命以外のことはいくらお願いしても通じない。

国家の事や世界の事は、これに当たる当路者が、順序を正してお願いすれば、その通り宇宙の中心天皇の御神気が働く。

しかし、何事もお願い事に先立って、重要な誓い事があることを忘れてはいけない。

それは、宇宙の調和統一を計られる、天皇の御使命にお仕えする誠心として、天皇の御長命をお祈りすることである。

そのためには、先ず皇后陛下に対して、天皇陛下の御長命をお祈りして、次に、天皇陛下に対しても同じ様に、天皇陛下の御長命をお祈りしなければならない。

その次に、改めて皇后陛下に対し、自分のお願い事を申し上げ、次に、天皇陛下に対しても同じ様に自分のお願い事を申し上げる。願う者が、真に宇宙の中心にまします天皇の御本質を信ずることが出来れば、お願い事で通じないことはない。

これは著者が勝手に定めたのではなく、太古は、天皇の御長命を祈り奉る官職があり、世襲をもって祈念の神事が行なわれていた。また、人民は常に天皇の御長命を祈って、事あるごとに、天皇陛下の万歳を叫んでいたのである。

太古は、長久の平和安定を保つと共に、天皇は御長命で、幾十億万歳の天皇があったという。

人類は、天皇の御長命を祈り奉る官職を失ってから、たちまち億万分の一の寿命に縮まってしまったのである。

宇宙の中心天皇とは、人民の誠心によって、どの様にでも反応されるのであった。

天皇の御本質を明らかにして、全人類は、天皇から分かれ出た兄弟であり、人類に対する、天変地異その他のすべての災害や不幸は、地球地主の霊の愛の制裁であることが理解された時、何よりも大切な問題が起きてくる。

人間が人間を殺すことは、天皇の赤子を殺すことであること。また、いかに憎むべき殺人犯といえども、実際は、地球地主の霊に使われて、相手を殺さざるを得ないように仕向けられたものであろう。

すなわち、殺した者も殺された者も霊に使われて、天皇否定の人類に対し、自覚を求めているものであった。故に、犯罪者に対して、人間が死刑をもって臨むことは、地球地主の霊の愛の制裁に反抗し、しかも、天皇の赤子を国家権力で殺すという、大逆の罪を犯すことになる。

もし殺人犯を憎むのであれば、人類に始めて人殺しを強要した、天皇否定の宗教と、大量殺戮を推進した科学を憎まなければならない。

故に、死刑をもって罪人を処断することは、天皇を侮辱し、人類滅亡の宗教と科学に力を貸す、天下第一等の犯罪といわねばならないのである。

現代は、フリーメーソンの３Ｓ政策に踊らされ、テレビや映画・雑誌・新聞を通じて、勧善懲悪の名のもとに平気で人殺しを見せている。

これこそ、フリーメーソンの魔術力の人類滅亡への秘策であったが、人類は知らない内に人を殺しても平気になり、やがて、戦争も内乱革命も、正義の名において簡単に行なう。

今日では、わずか十四才の少年が、自分の気に合わぬという理由だけで人を殺している。

また、３Ｓ政策のあらゆる扇動も、結局のところ人類滅亡への道であるに過ぎない。

フリーメーソン魔術力の立場で、セックスは子供を獣化し、スクリーンは獣化思想を日常から植えつけ、スポーツは殺人に熱狂できる獣化人間を育てることであった。

３Ｓ政策の公害に対して、日本人は全く気がつかぬらしく、オーム真理教の教祖を、極悪非道の大罪人であると叫びながら、原爆の使用をすすめたアインシュタイン博士に対して絶大の尊敬を払っているのだ。

フリーメーソンのルーズヴェルト大統領の命令で、原爆を投下した米空軍将兵に対して、日本から丁寧にも勲章を贈りながら、教祖の命と信じて地下鉄へサリンを撒いたオーム真理教の信者に対し死刑を宣告している。

この様に、三S政策に狂わされていた日本の知識人のほとんどは、フリーメーソン魔術力の存在すら気がついていない。

これまでの日本人は、善悪の判断が出来ず、フリーメーソンの後塵を拝して、自分が何物であるかすらもわからない獣化人間になっていた。

フリーメーソン魔術力が消滅しても、世界に三S政策の公害が横行している限り、人類の滅亡は必至である。

何よりも先ず、死刑を全廃して、人類はすべて、天皇の赤子であるという自覚から出発しなければならない。

一〇、むすび——発想の原点を改める

これまで明らかにした様に、有史以来人類の獲得した知識はことごとく、人類の過去の歴

史を抹消し、天皇中心の平和な文化を抹殺するための、偽りであった。人類滅亡のための宗教は、人間の祖先を罪深きものとして侮蔑し、人類滅亡の科学は、人間の霊性を抹殺して人類の祖先は猿であったと偽っている。

しかも、フリーメーソン魔術力の消滅した今日においても、偽りの思想がそのまま温存されている。

これは、現代の人類を指導している知識人一般の常識であるから、その様な知識を基に発案される現代のすべての思想とは、人類滅亡のための準備であろう。

フリーメーソン創立の元祖ソロモン王は「旧約聖書の伝道書」において「神は彼ら（非ユダヤ人）をためして、彼らに自分たちが獣にすぎないことを悟らせられるのである」といっていた。

現代フリーメーソンの「シオン賢哲の議事録」は「非ユダヤ人はただ労働のみする家畜である」といっていたのである。

そして有史以来、魔術力は天皇を侮蔑する人類に対して、一大鉄槌を下すため、終始一貫天皇否定の宗教と偽りの学問を教え、遂に今日の獣化人間を作り上げてしまった。

しかもそれは、天皇侮蔑の人類に対する地球地主の霊の制裁であって、人類に自覚反省を求めるためであったから、宇宙の中心天皇の御存在を宣言することによって、一瞬に魔術力は消滅したのである。

故にかつてフリーメーソン魔術力に導かれた知識は、これからの平和安定を求める人類にとってほとんど役には立たないであろう。

過去の知識と、これからの知識を区別するための基準をどこにおいたらよいだろうか。

フリーメーソン魔術力による過去の知識は、ことごとく闘争の原理が根本となっていた。

これに対して、これからの知識は、闘争と全く逆様の調和統一の原理に基づかねばならない。

すなわち、発想の原点を逆様にすることである。

本書ではその一例として、これまでの治水対策と逆様の「タゲット式水流誘導ブロックの敷設」の発想を掲げた。

これは、現代の様に河川上流の流れが速く、下流の流れが遅いという考えを基に、治水対策を行なっていた闘争型法式を、逆にしたものである。

その要領は「冠水タゲット」を用いて、上流の流れを遅くし下流の流れを速くするという、逆発想によるもので、調和統一型法式といえるだろう。

しかし、この発想は過去の知識とは一切無縁で、発案者は小学校だけの学力により、後は実体験を基に大自然の理を勘案して導き出したものであるから、自ずから調和統一型の発想に結びついたのである。

実際の施工にあたっては、現代の科学技術による計算上の工夫を利用する必要はあろうが、発想の原点として正しいものと考えられる。

それでは、発案者の自然復元を模索してきた人生について、本人の自序文を掲げよう。

「少年時代は不器用で、友達と遊ぶ事も学業も不得意で、毎日毎日自然を相手に鳥や魚、虫を捕っては殺し、捕っては殺していた身である。

大人になっては、余裕が出来るとハンターの仲間に入り、山野に鳥を追って撃ち殺す。

それがかつて殺したものがほとんど姿を見せなくなってから、つまり自然、野生の動植物を滅ぼし、滅ぼす自然が無くなれば今度はその身が滅びる時である事。

それが宇宙自然の原理である事を悟ったのである。

振り返れば好むと好まざるに関わらず、日中戦争、朝鮮戦争を契機にささやかながら生き伸びた身である。

それが今、戦争の無い平和を語る。

何と手前勝手な人間という、そしりは免れぬ身ではある。

そして、心からその罪を補うために、何とか方法はないものかと模索する年月が続いたのである。

私が小学生だった大正時代の国語教科書に「青の洞門」の話があった。

この話は、現在は風光明媚な観光地で知られる九州、大分県北部にある耶馬溪の名勝の一つである。

話は十八世紀中頃の事と言われ、菊池寛の名作『恩讐の彼方に』の題材にもなった。

ここは当時、北陸の親不知と共に交通の最大の難所で、多くの旅人たちが命を失っていた。

そこへ一人の旅の僧が通りかかる。

僧の名は禅海。あまたの人の命を奪ったため、その慰霊と罪の償いのために一生を捧げる覚悟で僧になった人物である。

旅人の難儀を知り、ここに遂道（トンネル）を掘る決心をした。

一人の力で山をくり抜き、遂道を掘るなどとは気の遠くなるような話である。

初めのうちは、村人はただ笑って見ているだけであった。

何年も何年も休むことなく掘り続けた。

やがて、同情した村人が手伝うようになったが、それも一人去り二人去りでいつかまた禅海一人に。それでも屈することなくこれに永い年月をかけ、ついに貫通させる。

一条の光が差し込んだ時、禅海は身も心もぼろぼろになって倒れてしまった。掘り始めてから実に三十余年の歳月が流れていたという。

禅海にあやかろうなどという思い上がりはさらさら無いが、その心には共感を覚える。

現在九十の齢を目の前にして気力に自信があるとは言え、所詮いくばくもない余命。何が出来るというものでもない。

そこで昔の小学校を出ただけの知識ではどうにもならず、その一ランク上ということで

〝中学校〟への入学を志す事になった。それももっぱら独学の夜間部生である。

この中学校が、実は〝宇宙学〟。語路合わせのだじゃれめいてお叱りを受けるやもしれぬが、それが私の『夢宇宙』である。

しかも、おおむね夢の中で学んでいるのである。そこから色々な事が分かりかけてきたのである。

宇宙学とは現存しない学問ではあるが、地球上のすべての学問を総合したようなものであり、一言でいえばブーメラン学であり、ブーメラン原理を現わしたものである。

ブーメランは投げた所に必ず戻って来る。

地球から西に向けて投げても東に向かって投げても、上に向けて投げてもブーメランは必ず元の位置に戻って来る。

只その戻って来る時間が長くかかるものとすぐもどってくるものとがある。

自分の投げたブーメランが自分の手に戻ってくるものもあれば自分が居なくなった後に、他人が来ればそこに居る人に戻ってくる。又、子孫が居ればその子孫に戻って来る。

投げるのは原因で戻って来るのは結果である筈である。

この原理を元に構成されたのが宇宙学である。

人間の作った法律では罪を犯しても捕らわれなければ罪にならず、また罪を償えば罪は消える。十年過ぎれば時効という事もあるが、宇宙の原理は細大もらさず何かの形で元の位置に戻って来る。

従って、地球上から投げたものは必ず地球のどこかに戻って来る。

現行の法律、常識学説とはことごとく反する処があり、これを宇宙学として現わしたものである。

私は〝ボケ防止〟と頭のトレーニングに宇宙学から『自然保護』の課題を選んだ。

夢の中の学ぶ夜〝夢中学〟だから教師はない。教科書も夢の中で使用するだけだから、昼の世界に持ち帰る事も出来なければお見せすることも出来ない。

昼と夜は正反対だから、次々と出て来る答が現行の学説、定説とは正反対である。学ぶこともしかりである。

いつしか真否も計りかねる奥地に入り込み、私のような凡才ではどうにも決め手がないのが正直なところである。

この書をあえて出版することにしたのも、方々のご批判ご教示を賜りたいことにつきるのである」

今日の世界では、色々の公害が取り沙汰され、二十一世紀に入ってからは、世界的な公害として水飢饉が大問題になるという。

しかし、公害による人類の危険性について、いかに声を大にして訴えても、肝心要の人間がお互いに闘争している時代では、水飢饉もただ政争の具に利用されるだけだろう。

本当に公害に取り組もうとするには、人類が心を一つにし、お互いに協力しなければならない。

そのためには、公害発生の元である人間の闘争心をなくする必要がある。そうでなくては、わずか一つの公害すら完全な処理が出来ず、時代と共に次々と新しい公害が生まれ、人類は必ず滅亡に導かれる。

これに対して「公害を無くすることは不可能である」という者がもし存在したら「人類は滅亡すべきである」というに等しい。

人類の闘争社会は、すでに人類滅亡の瀬戸際まで追いつめている。公害をなくすることが出来ないでは済まされないのだ。

魔術力の呪縛から解放された今日、人類は一日も早く、太古の平和安定の社会を見習って、宇宙の中心天皇の御存在に目覚めなければならない。

人類の救われる道は、太古の様に人間お互いが感情的に一致団結して、人間本来の正しい生存様式に復する以外にないのである。

しかし、人間本来の正しい生存様式といっても、過去の宗教と学問によって築かれた、偽りの文化を破壊し、全く新しい文化に作り変えるということではない。

これまでのすべての文化は、人間が、宇宙の中心天皇を放棄したための天譴として、人類滅亡の方向に導かれていたのであるから、天皇の御神気に守られる、人間本来の心に復することができれば、自ずから人類復興の正しい文化に変わってゆく。

たとえば、公害を人為的に根絶することは不可能に近いが、天皇を信ずることの出来る人は、自分で自然界の粒子を変換して、あらゆる公害の危害から身を守ることが出来る。

また、人類滅亡への科学は、一転して平和産業に貢献し、地球環境を整えるための技術を盛んにするのであろう。

人類が宇宙の中心天皇を信じた時、世界は自然に正しい生存様式へと変わってゆくので、決して人間の工夫と努力によるものではない。

宇宙の中心天皇に無限の力が備わっている事実を、人間各自は体験によって悟るべきである。

（終わり）

洪水の減少
降雨量の増加
土石流災害の減少
温暖化の減少

タゲット・ブロックによる
「冠水ダム工法」特許取得
【特許　第1774610２号】

タゲット・ブロック

宇宙原理学に基づいて構成された
逆転発想で、地球の緑の革命。
すべてが自然の力で復元される。

タゲット・ブロック

タゲットブロック設置法

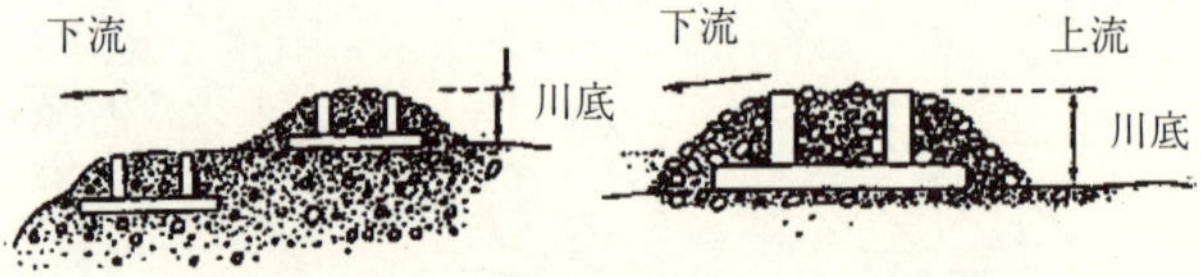

（断面図）

ブロックを土砂でおおえば流失する事がなく、堆積する土砂でブロック上面が川底となる。

同じ様に、2段3段と設置する事によって水面は広がり、水圧は弱まり、これを各処に作れば上流から流出する土砂はなくなる。

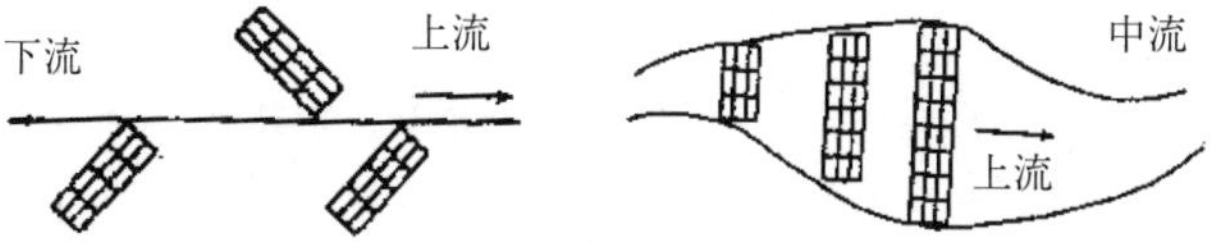

（俯瞰図）

湾曲部も同じ様に下流部に設置すれば、川底は平定し、水流は直線化する。

河川が直線化すれば水流は早まる。

流心から左右両岸に向けてブロックを設置すれば、従来の護岸の様に水流は集中し、侵食ラインとなり海へ流出、又側岸に土砂は堆積する。

プロフィール

竹田《たけだ》　日恵《にちえ》

1927年　徳島県生まれ、海軍予科練卒業。戦闘機 零戦《ぜろせん》、紫《し》電改《でんかい》搭乗員として従軍。

日本大学からカリフォルニア大学に留学。哲学博士。緒方竹虎副総理秘書を経て、相模工業大学理事長 学長を勤める。

現在、外務省所管財団法人友邦協会会長、文学考古会会長、日大皇学研究所理事長として「竹内文書」「古代歴史」「ユダヤ問題」等の研究を日本大学本部で開講している。

著書「竹内文書・世界史の超革命」徳間書店
「竹内文書が明かす超古代日本の秘密」日本文芸社
「後醍醐天皇と楠木正成 対 足利尊氏」明窓出版
「魏志倭人伝の陰謀」日本文芸社、がある。
1997年　ＪＬＮＡブロンズ賞受賞。

金子《かねこ》　茂《しげる》

1912年　埼玉県生まれ
海軍工作学校卒業、海軍航空隊に従軍
宇宙原理学による地球環境問題の研究
人工に依る自然降雨等に取り組んでいる
金子軽器（株）社長を務める
宇宙原理学研究所理事長
地球環境学会理事長

砂漠《さばく》に雨《あめ》を降《ふ》らせよう

——公害《こうがい》なき世界《せかい》への転換《てんかん》——

竹田《たけだ》日恵《にちえ》　金子《かねこ》　茂《しげる》

明窓出版

平成十三年二月十一日初版発行
発行者——増本　利博
発行所——明窓出版株式会社
〒一六四—〇〇一二
東京都中野区本町六—二七—一三
電話　（〇三）三三八〇—八三〇三
FAX　（〇三）三三八〇—六四二四
振替　〇〇一六〇—一—一九二七六六
印刷所——株式会社　シナノ
落丁・乱丁はお取り替えいたします。
定価はカバーに表示してあります。

ISBN4-89634-065-5

ホームページ http://meisou.com　Eメール meisou@meisou.com